Schulze
Elektrische Servoantriebe

Bleiben Sie einfach auf dem Laufenden:
www.hanser.de/newsletter
Sofort anmelden und Monat für Monat
die neuesten Infos und Updates erhalten

Manfred Schulze

Elektrische Servoantriebe

Baugruppen mechatronischer Systeme

mit 66 Bildern sowie Beispielen mit Lösungen

Fachbuchverlag Leipzig
im Carl Hanser Verlag

Prof. Dr.-Ing. habil. Manfred Schulze
Fachhochschule Zwickau
Fachbereich Elektrotechnik

Alle in diesem Buch enthaltenen Programme, Verfahren und elektronischen Schaltungen wurden nach bestem Wissen erstellt und mit Sorgfalt getestet. Dennoch sind Fehler nicht ganz auszuschließen. Aus diesem Grund ist das im vorliegenden Buch enthaltene Programm-Material mit keiner Verpflichtung oder Garantie irgendeiner Art verbunden. Autor und Verlag übernehmen infolgedessen keine Verantwortung und werden keine daraus folgende oder sonstige Haftung übernehmen, die auf irgendeine Art aus der Benutzung dieses Programm-Materials oder Teilen davon entsteht.

Die Wiedergabe von Gebrauchsnamen, Handelsnamen, Warenbezeichnungen usw. in diesem Werk berechtigt auch ohne besondere Kennzeichnung nicht zu der Annahme, dass solche Namen im Sinne der Warenzeichen- und Markenschutz-Gesetzgebung als frei zu betrachten wären und daher von jedermann benutzt werden dürften.

Bibliografische Information der Deutschen Nationalbibliothek
Die Deutsche Nationalbibliothek verzeichnet diese Publikation in der Deutschen Nationalbibliografie; detaillierte bibliografische Daten sind im Internet
über http://dnb.d-nb.de abrufbar.

ISBN 978-3-446-41459-4

Dieses Werk ist urheberrechtlich geschützt.
Alle Rechte, auch die der Übersetzung, des Nachdruckes und der Vervielfältigung des Buches, oder Teilen daraus, vorbehalten. Kein Teil des Werkes darf ohne schriftliche Genehmigung des Verlages in irgendeiner Form (Fotokopie, Mikrofilm oder ein anderes Verfahren), auch nicht für Zwecke der Unterrichtsgestaltung – mit Ausnahme der in den §§ 53, 54 URG genannten Sonderfälle –, reproduziert oder unter Verwendung elektronischer Systeme verarbeitet, vervielfältigt oder verbreitet werden.

Fachbuchverlag Leipzig
im Carl Hanser Verlag

© 2008 Carl Hanser Verlag München
Internet: http://www.hanser.de

Lektorat: Dipl.-Ing. Erika Hotho
Herstellung: Dipl.-Ing. Franziska Kaufmann
Druck und Bindung: Kösel, Krugzell
Printed in Germany

Vorwort

Elektrische Antriebe als elektromechanische Energiewandler finden sich in sehr vielen Bereichen unseres Lebens überall dort, wo etwas bewegt werden muss. Das betrifft nicht nur den Einsatz als elektromechanischer Aktor automatisierter industrieller Fertigungsprozesse, sondern auch zunehmend Anwendungen in unserer unmittelbaren öffentlichen und privaten Umgebung. Das Verständnis der elektrischen Antriebstechnik ist heute für die meisten Ingenieure und Techniker ein absolutes Muss. Nur wer das System „Antrieb" verstanden hat, kann das Potenzial, das die Automatisierungstechnik bietet, umfassend nutzen.

Das vorliegende Buch befasst sich nicht mit der „klassischen" Antriebstechnik, sondern verfolgt das Ziel, dem Leser das technische Verständnis für die Wirkungsweise und die Auswahl elektrischer Servoantriebe zu vermitteln. Mit elektrischen Servoantrieben werden die mechanischen Ausgangsgrößen Drehmoment und Winkelgeschwindigkeit (Drehzahl) des Servomotors als Zeitfunktion in einem weiten Stellbereich hochgenau und reproduzierbar zur Steuerung unterschiedlichster technologischer Fertigungsprozesse bereitgestellt. Die elektrische Servoantriebstechnik bildet die Schnittstelle zwischen der elektronischen Steuerung und den mechanischen Komponenten eines Antriebssystems innerhalb automatisierter Produktions- und Fertigungsanlagen. Sie löst zunehmend auf rein mechanischen Konzepten beruhende Bewegungsabläufe ab und ist praktisch der „Muskel" zur Bewegungssteuerung automatisierter Fertigungsprozesse. Diese innovative Entwicklung vollzieht sich quer durch alle Anwendungen und wird getragen durch die sich ständig erhöhende Leistungsfähigkeit der Mikroelektronik, Sensorik und Leistungselektronik.

Es werden alle Komponenten des Servoantriebes betrachtet. Ausgangspunkt bilden die unterschiedlichen Anforderungscharakteristika von Fertigungs- und Produktionsprozessen an die Servoantriebe und deren Auswirkungen auf die notwendigen statischen und dynamischen Parameter. Die Analyse zeigt, dass die vielfältigen Anwendungsfelder quasi mit einer Antriebstechnik realisiert werden können. Die notwendige Anpassung der rotatorischen oder translatorischen Bewegungsvorgänge erfolgt meist mit einem mechanischen Übertragungssystem zwischen Antriebsmotor und technologischem Prozess. Grundlegende Beziehungen zur optimalen Anpassung der Bewegungsparameter an die real verfügbaren Antriebsparameter werden dargestellt und an zwei typischen Anwendungsfällen beispielhaft erläutert.

Prinzipiell sind als elektromechanische Energiewandler Gleich- und Drehstromservomotoren einsetzbar. Die wesentlichen Konstruktionsprinzipien dieser Spezialmotoren und die notwendigen Steuerprinzipien der leistungselektronischen Stellglieder für die unterschiedlichen Motoren werden erläutert. Auf die detaillierte Auslegung der Motoren und Stromrichter wird nicht eingegangen. Durch Verwendung spezieller Steuerverfahren für die Drehstrommotoren gelingt es, ähnlich wie beim Gleichstrommotor Proportionalität zwischen Ständerstrom und Drehmoment bzw. Ständerspannung und Drehzahl herzustellen. Für die Synchron- und Asynchronmaschine werden zwei in der Praxis übliche Steuerverfahren hergeleitet und als feldorientierte Regelung beim drehzahlgeregelten Antrieb in Kaskadenstruktur angewendet. Entsprechend der Zielstellung des Buches, erfolgt die grundsätzliche Betrachtung der Regelkreise mit den aus der Analogtechnik üblichen Optimierungskriterien. Auf die Anwendung spezieller aus der Digitaltechnik bekannter Regler wird verzichtet, da sie für das Grundverständnis der Zusammenhänge nicht erforderlich sind. Ein Vergleich der Parameter der drehzahlgeregelten Antriebe zeigt eindeutig die Vorteile der Drehstromservoantriebstechnik.

Anschließend wird der Einsatz der Servoantriebe im übergeordneten Steuerungssystem (Lageregelung) zur Bewegungssteuerung untersucht. Am Beispiel der numerischen Bahnsteuerung werden die erforderlichen Anpassungen zwischen elektrischem und mechanischem Teil des Servoantriebes erläutert. Die Darstellung zum Hybridschrittmotor vervollständigt die Ausführung zur Bewegungssteuerung. Die Beispiele zu mechatronischen Antriebssystemen zeigen eine Zielrichtung für weitere innovative Entwicklung auf diesem Gebiet. Abschließend werden Kriterien zur Antriebsauswahl und Antriebsprojektierung gegeben und anhand von zwei typischen Beispielen erläutert.

Das Buch entstand auf der Grundlage von Lehrveranstaltungen zur elektrischen Servoantriebstechnik, die der Verfasser für Studenten der Studiengänge Elektrotechnik und Kraftfahrzeugelektronik sowie der Studienschwerpunkte Maschinenkonstruktion und Mechatronik im Studiengang Maschinenbau an der Westsächsischen Hochschule Zwickau gehalten hat.

Es wird den Studierenden der Elektrotechnik, des Maschinenbaus und der Mechatronik als studienbegleitende Literatur zur Antriebstechnik empfohlen. Auch im Beruf tätigen Ingenieuren kann es helfen, sich durch Nutzung der Servoantriebstechnik neue Arbeitsgebiete zu erschließen.

Für das Schreiben des Manuskriptes und das Erstellen der Abbildungen danke ich Frau Britta Melz und Frau Hannelore Hunger. Gleichfalls danke ich Frau Erika Hotho und dem Fachbuchverlag Leipzig für die Anregungen zu diesem Buch und für die Betreuung des Projektes.

Zwickau, Dezember 2007

Manfred Schulze

Inhaltsverzeichnis

1 Einführung — **11**
1.1 Einsatzgebiete von Servoantrieben 11
1.2 Grundstruktur des Servoantriebes 13
1.3 Arbeitsbereiche 14
1.4 Regelungstechnische Struktur 16
1.5 Elektrischer Aktor 21

2 Anforderungen an elektrische Servoantriebe — **25**
2.1 Gruppe I Bearbeitungsvorgänge Drehen, Fräsen und Bohren 26
2.2 Gruppe II periodische Stellbewegungen 27
2.3 Erforderliche Kenngrößen des Servoantriebes 29

3 Mechanisches Übertragungssystem — **33**
3.1 Kenngrößen eines Bewegungsvorganges 34
3.2 Modell des mechanischen Übertragungssystems 35
3.3 Umsetzfaktor 36
3.4 Umrechnung der mechanischen Größen auf die Welle des Servomotors ... 39
    3.4.1 Drehmoment M_v', Winkelgeschwindigkeit ω_1 bzw. Drehzahl n_1 40
    3.4.2 Trägheiten und Massen 41
3.5 Mechanische Anpassung, optimaler Getriebeumsetzfaktor 41
3.6 Dynamischer Kennwert 44

4 Gleichstromservoantriebe — **51**
4.1 Gleichstromstellmotoren 52
4.2 Leistungselektronisches Stellglied 54
    4.2.1 Thyristorumkehrstromrichter 54
    4.2.2 Transistorpulssteller 55
4.3 Übertragungsverhalten des drehzahlgeregelten Antriebes 57

5 Drehstromservoantriebe — **63**
5.1 Raumvektordarstellung 63
5.2 Drehstromservoantriebe mit Synchronmotoren 67
    5.2.1 Synchronmotoren 68
    5.2.2 Leistungselektronisches Stellglied 71

		5.2.2.1	Pulswechselrichter 71

		5.2.2.1	Pulswechselrichter 71
		5.2.2.2	Eingangsstromrichter 75
	5.2.3	Steuerverfahren beim Synchronservoantrieb 77	
	5.2.4	Übertragungsverhalten des drehzahlgeregelten Antriebes 81	
	5.2.5	Vereinfachtes Steuerverfahren – bürstenloser Gleichstrommotor 85	
5.3	Drehstromservoantriebe mit Asynchronmotoren 88		
	5.3.1	Asynchronservomotor 89	
	5.3.2	Steuerbedingungen für konstanten Läuferfluss, Entkopplungsstruktur 90	
	5.3.3	Übertragungsverhalten des drehzahlgeregelten Antriebes 95	
5.4	Vergleich der Antriebslösungen 97		

6 Bewegungssteuerung mit Servoantrieben   103

6.1	Aufbau und Wirkungsweise der Lageregelung 103
6.2	Lageregelkreise in Bahnsteuerungen 107
	6.2.1 Prinzip der numerischen Bahnsteuerung 107
	6.2.2 Übertragungsverhalten des lagegeregelten Antriebes 109
	6.2.3 Einfluss der Parameter einer Bewegungsachse auf die Bahngenauigkeit 112
6.3	Lageregelkreis in Positioniersteuerungen 114
6.4	Schrittantriebe 116
	6.4.1 Hybridschrittmotor 118
	6.4.2 Betriebsverhalten des Schrittantriebes 119
6.5	Mechatronische Antriebssysteme 121

7 Auswahl von Servoantrieben   127

7.1	Allgemeine Auswahlkriterien 127
7.2	Schritte der Antriebsauswahl 128
7.3	Beispiele für die Antriebsauswahl 133
	7.3.1 Auswahl des Antriebes für eine Vorschubachse 133
	7.3.2 Auswahl des Antriebes für eine Handlingachse an einer Umformmaschine 136

8 Lösungen   141

8.1	Lösung zu Beispiel 3.1 141
8.2	Lösung zu Beispiel 3.2 142
8.3	Lösung zu Beispiel 4.1 144
8.4	Lösung zu Beispiel 5.1 145
8.5	Lösung zu Beispiel 5.2 147
8.6	Lösung zu Beispiel 5.3 148

Anhang **151**
Formelzeichen 151
Indizes 152
Gebräuchliche Abkürzungen 152

Literaturverzeichnis **153**

Sachwortverzeichnis **157**

1 Einführung

1.1 Einsatzgebiete von Servoantrieben

Die elektrische Antriebstechnik hat durch innovative Fortschritte der Leistungs- und Mikroelektronik die Automatisierung unterschiedlichster technologischer Prozesse erheblich beschleunigt. Gegenwärtig werden in hoch entwickelten Industrieländern etwa 60 % der erzeugten elektrischen Energie mit elektrischen Antrieben in mechanische Energieformen umgewandelt. Neben der „klassischen" Antriebstechnik, bei der die elektromechanische Energiewandlung bei festen oder gestuften Drehzahlen der Antriebsmaschinen erfolgt, hat sich der Anteil geregelter Antriebe, die eine genaue und kontinuierliche Drehzahl- und Drehmomentstellung ermöglichen, bedeutend erhöht. Als Energiewandler dient dabei die stromrichtergespeiste elektrische Maschine. Sie ist die Regelstrecke der geregelten elektrischen Servoantriebe. Durch die enormen Fortschritte in der Leistungs- und Informationselektronik werden heute neben der Gleichstromnebenschlussmaschine vor allem Drehstrommaschinen in geregelten elektrischen Antrieben verwendet.

Besonders vorteilhaft ist, dass durch die Mess- und Regeleinrichtung des Servoantriebes die mechanische Leistung der elektrischen Maschine an der Motorwelle in den Parametern Drehmoment und Winkelgeschwindigkeit als variable, zeitabhängige Größe hochgenau gesteuert werden kann. Die geregelten Servoantriebe bestimmen durch die feinfühlige, sehr genaue und exakt reproduzierbare Vorgabe der mechanischen Größen in hohem Maße die Fertigungsqualität und -quantität der in den technologischen Prozessen hergestellten Erzeugnisse.

Wird der drehzahlgeregelte Antrieb (Servoantrieb) durch eine Lageregelung erweitert, so lassen sich anspruchsvolle mechanische Bewegungsvorgänge entlang einer mechanischen Bewegungsachse (Rotation oder Translation) realisieren. Die Bewegungssteuerung im mehrdimensionalen Raum entsteht durch Superposition der Bewegungen der einzelnen Achsen. Die Koordinierung der Einzelbewegungen der Servoantriebe erfolgt über elektronische Steuerungen. Durch die auf die Einzelantriebe verteilte Intelligenz können aufwendige mechanische Koppelelemente vereinfacht werden oder ganz entfallen. Dadurch erhöht sich die Flexibilität des gesteuerten technologischen Prozesses bedeutend gegenüber dem klassischen Ein-Motoren-Antrieb mit kompliziertem mechanischen Verteilungssystem. Änderungen im Fertigungsablauf können ohne Umrüstarbeiten einfach durch die elektrische Steuerung erfolgen, die gleichzeitig auch die Fertigungsqualität ständig überwacht und notwendige Korrekturen automatisch vornimmt.

Als Beispiele technologischer Prozesse, bei denen drehzahlvariable Servoantriebe zunehmend eingesetzt werden, seien genannt:

- Be- und Verarbeitungsmaschinen
- Roboter
- Druck- und Verpackungsmaschinen
- Dosier- und Fördereinrichtungen
- Transport- und Lagertechnik

Besonders deutlich werden die Vorteile von Einzelantriebssystemen bei den technologischen Verfahren:

- Bearbeitungsprozesse auf Werkzeugmaschinen
  Realisierung von Bearbeitungsvorgängen wie Drehen, Fräsen, Bohren, Schleifen und Sägen. Der Einzelantrieb jeder Bewegungsachse der Werkzeugmaschine wird überwiegend lagegeregelt betrieben. Die Koordinierung der Bewegungsachsen erfolgt meist durch eine CNC-Steuerung.
- Handlingsprozesse mit Robotern
  Periodische Stellbewegungen zur Werkstück- oder Werkzeughandhabung bzw. zur Werkzeugführung durch zeitlich und räumlich koordinierte Bewegung der Einzelachsen.
- Umformen von Blechteilen
  Die Stückgutförderung an Umformmaschinen (z. B. Transferpressen in der Automobilindustrie) wird nicht mehr über komplizierte mechanische Koppelgetriebe und Gelenkwellen vom Zentralantrieb zwangsgesteuert, sondern Einzelantriebe führen die Stellbewegungen in einer programmierbaren Abhängigkeit von der Hauptbewegung des Umformprozesses aus. Neben einer höheren Flexibilität des Teiledurchsatzes verkürzen sich auch erheblich die Umrüstzeiten beim Wechsel des Teilesortimentes.
- Verseilen von Stahldrähten
  Das technologische Verfahren des Verseilens der einzelnen Drähte, des geregelten Erwärmens, des von der Zugkraft geregelten Reckvorganges sowie des Aufwickelvorganges des Verseilgutes wird in einem kontinuierlichen Prozess durch geregelte Einzelantriebe, die technologiebezogen gesteuert werden, realisiert. Bei einigen Verseilverfahren (z. B. Herstellung von Stahlcord) sind die Einzelantriebe zur Zugkraftregelung der Drähte (Stellmotor und Stromrichter) im Verseilkorb montiert und rotieren mit der jeweiligen Verseilgeschwindigkeit.
- Weben von synthetischen Materialien
  Die Aufbereitung der Synthesefasern für den jeweiligen Webprozess erfolgt auf automatischen Wicklern zu so genannten Galetten. Die einzelnen technologischen Arbeitsschritte vom Rohfaden zum auf den Galetten aufgewickelten Webfaden, wie Erwärmung, Streckung, Verspinnen, Verwirbeln oder Zwirnen und die Fadenführung beim Wickeln, werden durch rechnergekoppelte Einzelantriebe in einem kontinuierlichen Prozess gesteuert. Entsprechende Anforderungen an den winkelgenauen Gleich-

lauf der Antriebe sind sehr hoch. Die für das Weben notwendigen Fadeneigenschaften werden durch technologiebezogene Software beeinflusst.

1.2 Grundstruktur des Servoantriebes

Zur Grundstruktur eines geregelten Antriebes gehören alle Baugruppen von der Netzeinspeisung bis zur Antriebsmechanik einschließlich der Mess- und Regeleinrichtungen.

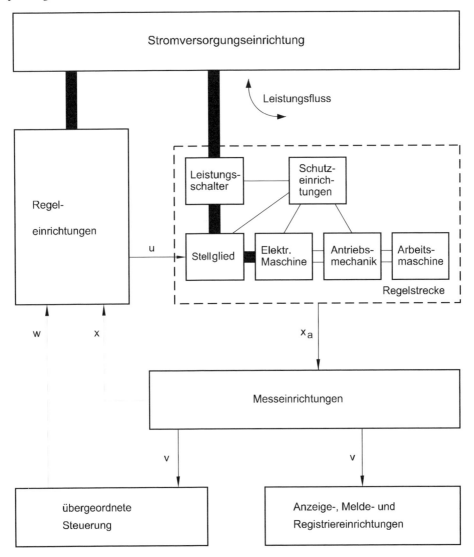

Bild 1.1 Struktur eines geregelten Antriebes

Der Leistungsfluss zur und von der Antriebsmaschine erfolgt über die Baugruppen der Regelstrecke:

- Stromversorgungseinrichtungen (Bereitstellung der elektrischen Energie, deren Parameter umgewandelt werden sollen), verbunden mit dem Niederspannungsnetz 3x 400 V, DS.
- Schalt- und Schutzeinrichtungen für den Antrieb.
- Leistungselektronisches Stellglied zur Parameterwandlung der elektrischen Energie (Gleichrichter, Pulssteller, Pulswechselrichter, Pulsumrichter).
- Elektrische Maschine als elektromechanischer Energiewandler (Gleichstromnebenschlussmaschine, Asynchronmaschine mit Kurzschlussläufer, Synchronmaschine mit Permanenterregung).
- Mechanisches Übertragungssystem zur Anpassung der mechanischen Größen (Drehzahl, Drehmoment, Trägheitsmoment) an die erforderlichen Größen der Arbeitsmaschine oder des technologischen Prozesses. Das beinhaltet auch die Umwandlung von Rotationsbewegungen in Translationsbewegungen und umgekehrt.

Dieser Leistungsfluss wird über den Steuereingang des leistungselektronischen Stellgliedes (Stellgröße u) durch die Mess- und Regeleinrichtung entsprechend den Anforderungen des technologischen Prozesses auf der Arbeitsmaschine beeinflusst. Als Komponenten wären zu nennen:

- Messeinrichtungen zur Erfassung von Zustandsinformationen des zu steuernden technologischen Prozesses (üblicherweise sind das: Einrichtungen zur Messung von Weg (Winkel), Geschwindigkeit (Drehzahl), Beschleunigung, Kraft (Drehmoment oder Strom).
- Steuer- und Regeleinrichtung zur effektiven Beeinflussung der bereitgestellten mechanischen Energie an der Arbeitsmaschine. Üblich sind Regelkreise für Weg (Lage), Geschwindigkeit (Drehzahl) und Kraft/Drehmoment (Strom).
- Anzeige-, Melde-, Registrier- und Bedieneinrichtung zur Einbindung des Einzelantriebes in die Prozesssteuerung.
- Die Vorgabe der Führungsgrößen (Weg, Geschwindigkeit, Drehmoment) erfolgt durch die übergeordnete Rechnersteuerung.

1.3 Arbeitsbereiche

Ein uneingeschränkter Energieaustausch zwischen dem elektrischen Eingangsnetz und der Arbeitsmaschine (technologischer Prozess) erfordert den Betrieb des Antriebes, bestehend aus dem leistungselektronischen Stellglied und der elektrischen Maschine, in allen vier Quadranten der Drehzahl-Drehmoment-Ebene /1.1/. Das Stellglied muss deshalb in Bezug auf die Eingangsspannung beide Stromrichtungen (Einspeisen bzw. Rückspeisen) zulassen. Weiterhin werden über die Stellgröße u (vgl. Bild 1.1) die elektrischen Parameter Spannung U, Strom I und Frequenz f vom Stromrichter der elektrischen Maschine so vorgegeben, dass zwischen U, f und der Winkelgeschwindigkeit ω bzw. zwischen Eingangsstrom I und dem Drehmoment m Proportionalität besteht.

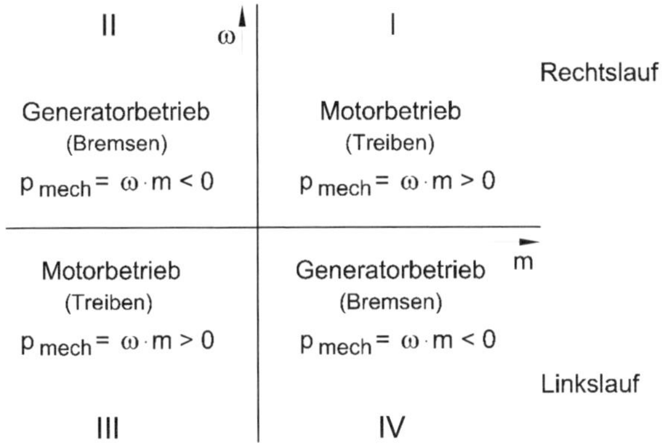

II		I
	ω	Rechtslauf
Generatorbetrieb (Bremsen) $p_{mech} = \omega \cdot m < 0$		Motorbetrieb (Treiben) $p_{mech} = \omega \cdot m > 0$
Motorbetrieb (Treiben) $p_{mech} = \omega \cdot m > 0$		Generatorbetrieb (Bremsen) $p_{mech} = \omega \cdot m < 0$ m
		Linkslauf
III		IV

Bild 1.2 Drehzahl- Drehmoment-Ebene

Mit einem 4-Quadranten-Antrieb können die für den jeweiligen technologischen Prozess benötigten mechanischen Parameter wie $m(t)$ und $\omega(t)$ (rotatorische Bewegung) bzw. $F(t)$ und $v(t)$ (translatorische Bewegung) als stetige Zeitfunktionen sehr feinfühlig bereitgestellt werden. Zur Charakterisierung der Bewegungs- und Belastungsvorgänge ist neben ihrer zeitlichen Abhängigkeit eine Kennzeichnung nach dem Energiefluss notwendig (Bild 1.2). Es werden alle positiven Leistungen $p_{mech} = \omega \cdot m$ als Motorbetrieb (Treiben) definiert. Das betrifft bei Rechtslauf den I. Quadranten und bei Linkslauf den III. Quadranten. Dabei nimmt die Antriebsmaschine über das Stromrichterstellglied Energie aus dem Netz auf und führt die mechanische Leistung p_{mech} an die Arbeitsmaschine ab. Dies gilt sowohl im stationären als auch im dynamischen Betrieb (Beschleunigungsvorgänge) des Antriebes. Die Verluste bei der Energieübertragung und der Parameterwandlung vom Eingangsnetz zur Arbeitsmaschine sind relativ gering und werden über die Wirkungsgrade der einzelnen Komponenten der Regelstrecke (Bild 1.1) berücksichtigt. Für Bremsvorgänge muss sich entweder das Vorzeichen des Drehmomentes m oder die Richtung der Winkelgeschwindigkeit ω ändern. Damit wird die mechanische Leistung p_{mech} negativ und die als Generator arbeitende elektrische Maschine gibt die Leistung abzüglich der Verluste an das elektrische Eingangsnetz ab. Das betrifft bei Rechtslauf den II. Quadranten und bei Linkslauf den IV. Quadranten. Der Wirkungsgrad für den Leistungsfluss zwischen dem elektrischen Eingangsnetz und der Arbeitsmaschine ist dabei in beiden Richtungen sehr gut.

Sonderlösungen mit eingeschränktem Energieaustausch stellen der

- Einrichtungsantrieb (I. oder III. Quadrant) und der
- Betrieb in zwei Quadranten (durchziehende Last beim Kranhubwerk bzw. Lasten- und Personenaufzug (I. und IV. Quadrant))

dar. Zur Umkehr von Winkelgeschwindigkeit ω und Drehmoment m wird hier das Stellglied kontaktbehaftet umgepolt, was eine große Totzeit beim Übergang zwischen den

Quadranten zur Folge hat. Deshalb sind diese Antriebe als Servoantriebe nur bedingt einsetzbar und werden im Folgenden nicht betrachtet.

1.4 Regelungstechnische Struktur

Die Umsetzung der Grundstruktur des Antriebes in eine regelungstechnische Blockstruktur ergibt folgendes Blockschaltbild:

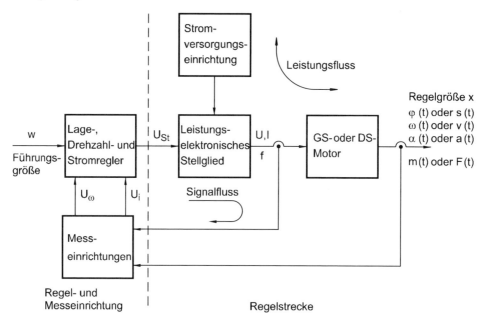

Bild 1.3 Blockschaltbild des geregelten Servoantriebes

Die Regelstrecke umfasst das leistungselektronische Stellglied und als Energiewandler die Gleichstrom- oder Drehstrommaschine mit dem Ausgang Regelgröße x (Weg/Winkel oder Geschwindigkeit/Winkelgeschwindigkeit oder Drehmoment/Strom).

Zur Regeleinrichtung gehören die entsprechenden Regler (Weg, Geschwindigkeit, Drehmoment) und die notwendigen Messeinrichtungen zur Erfassung der Istgrößen aus der Regelstrecke. Die Führungsgröße w wird von der übergeordneten Steuerung vorgegeben.

Ziel der Regelung ist, die Regelgröße x der Führungsgröße w anzugleichen. Dies gilt sowohl für die möglichst unverzögerte Nachführung der Regelgröße bei Änderung der Führungsgröße (Führungsverhalten des Regelkreises) als auch bei Einwirkung von Störgrößen auf die Regelstrecke in einem stationären Arbeitspunkt, d. h. konstante Führungsgröße (Störverhalten). Die Störgröße in Antriebsregelkreisen ist im Wesentlichen das Lastmoment an der Welle des Antriebsmotors.

1.4 Regelungstechnische Struktur

Die Bemessung der Regler für diese zwei Grenzfälle (Führungs- und Störverhalten) setzt eine vollständige Kenntnis des statischen und dynamischen Verhaltens der Regelstrecke voraus.

Die in der Antriebstechnik übliche Methode zur Beschreibung der Strecke ist die Analyse der Übertragungsfunktion der Strecke oder von deren Komponenten. Dies erfolgt durch Transformation der Zusammenhänge vom Zeitbereich in den Bildbereich mit Hilfe der Laplace-Transformation. Durch Analyse der Streckenparameter leistungselektronisches Stellglied und elektrische Maschine mittels der Übertragungsfunktion $G(s)$ kann das Systemverhalten gut abgeschätzt und eine geeignete Reglerstruktur gefunden werden /1.2/; /1.3/; /1.4/.

Die Antriebsregelstrecke besitzt zwei große und viele kleine Zeitkonstanten (Stromrichtertotzeit, Filterzeitkonstanten der Messglieder, Rechnertaktzeit der digitalen Regler), die zu einer Summenzeitkonstante zusammengefasst werden.

Als optimale Regelstruktur hat sich bei elektrischen Antrieben die Kaskadenregelung bewährt. Bild 1.4 zeigt einen zweischleifigen Regelkreis als Kaskaden- und Parallelregelung.

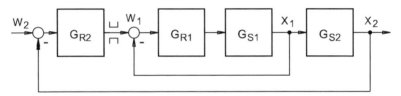

a) Kaskadenregelung

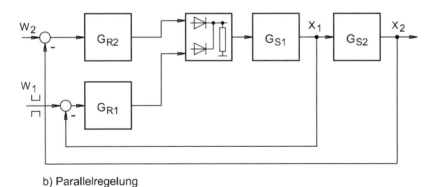

b) Parallelregelung

Bild 1.4 Regelstrukturen zweischleifiger Regelkreise

Die Regelstrecke mit der Übertragungsfunktion G_S wird in zwei Teilregelstrecken G_{S1} und G_{S2} mit je einer großen Zeitkonstante τ_s aufgeteilt. Diese Aufteilung der Regelstrecke entspricht bei elektrischen Antrieben den Regelkreisen für den Anker- bzw. Ständerstrom sowie der Drehzahl. Damit die Regelkreise entkoppelt sind, muss das Verhältnis der Zeitkonstanten der beiden Teilregelstrecken $\tau_{S2}/\tau_{S1} \geq 4$ sein. Dies ist bei elektrischen Antrieben meist gegeben. Pro Teilregelstrecke wird mit den Reglern G_{R1} und G_{R2} eine große Zeitkonstante der Regelstrecke (eine stromrichtergespeiste Gleichstrom- oder Drehstrommaschine) kompensiert. Für die Lageregelung ist eine weitere Regelschleife notwendig.

Vorteilhaft bei der Kaskadenregelung ist, dass die Inbetriebnahme von innen (innerer Regelkreis) nach außen (äußerer Regelkreis) erfolgt. Bei Optimierung des inneren Regelkreises nach dem Betragsoptimum übernimmt die Regelung gleichzeitig Schutzfunktionen (z. B. Schutz vor zu großen Strömen im Ankerkreis bzw. Ständerkreis der elektrischen Maschine) durch Begrenzung der Führungsgröße w_1. Durch gezielte Sollwertaufschaltung auf w_1 können weitere funktionell notwendige Korrekturen vorgenommen werden, wie z. B. Beschleunigungsführung, Kompensation von Drehmomentpendelungen oder Totzeiten im Stromrichter. Nachteilig wirkt sich die Verdoppelung der Anregelzeit von Schleife zu Schleife aus. Optimal ist die Verwendung von PI-Reglern pro Regelschleife, da jeweils nur eine Zeitkonstante kompensiert werden muss.

Bei der Parallelregelung arbeiten die Teilregelkreise parallel. Schwierig ist die Beherrschung des Ablöseverhaltens der Regelkreise. Eine Schutzfunktion des inneren Kreises wie bei der Kaskadenregelung ist nur bedingt gegeben. Die hohe Dynamik ist jedoch vorteilhaft (kurze Anregelzeit). Optimalerweise werden PID-Regler genutzt.

Wegen der o.g. Vorteile wird bei Servoantrieben die Kaskadenregelung verwendet. Je nach Zielsetzung der gewünschten mechanischen Bewegungsfunktion werden bis zu 3 Regelschleifen (Drehmoment, Geschwindigkeit und Lage) benötigt.

Die Übertragungsfunktion des offenen einschleifigen Regelkreises ist das Produkt der Übertragungsfunktionen von Regler und Strecke.

$$G_o(s) = G_R(s) \cdot G_S(s) = G_R(s) \cdot \frac{V_S}{(1+s\tau_\Sigma)(1+s\tau_S)} \quad (1.1)$$

Die Strecke wird durch den Übertragungsfaktor V_S, die zu kompensierende Streckenzeitkonstante τ_S und die Summenzeitkonstante τ_Σ charakterisiert. In der Summenzeitkonstante τ_Σ sind alle kleinen Zeitkonstanten der Regelstrecke (Totzeit des Stromrichterstellgliedes), der Messeinrichtung der Regelgröße x (Filterzeitkonstante) und der Rechnertaktzeit des digitalen Reglers zusammengefasst.

Für die Übertragungsfunktion des geschlossenen, einschleifigen Regelkreises ergibt sich dann:

$$G_w(s) = \frac{G_o(s)}{1+G_o(s)} = \frac{1}{1+\frac{1}{G_o(s)}} s \quad (1.2)$$

Die Einstellkriterien eines PI-Reglers für einen einschleifigen Regelkreis mit einer großen Streckenzeitkonstante τ_S nach dem Betragsoptimum bzw. dem symmetrischen Optimum sowie die Übergangsfunktion des geschlossenen Regelkreises sind aus Bild 1.5 ersichtlich

1.4 Regelungstechnische Struktur

/1.1/, /1.5/. Die angegebenen Übertragungsfunktionen $G_o(s)$ und $G_w(s)$ des einschleifigen Regelkreises gelten für die genannten Einstellregeln der PI-Regler.

Betragsoptimum

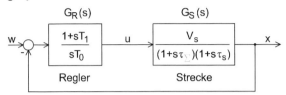

Einstellregeln
$T_1 = \tau_s$
$T_0 = 2 V_s \tau$
Anregelzeit $\quad t_{an} = 4{,}7\tau$
Überschwingweite $h_{\ddot{u}} = 4{,}3\,\%$

Übertragungsfunktion des optimierten Kreises

$$G_O(s) = G_R(s)\,G_S(s) = \frac{1}{s\,2\tau\,(1+s\tau)}$$

$$G_w(s) = \frac{1}{1+s 2\tau + s^2 2\tau^2}$$

Symmetrisches Optimum

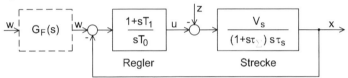

Einstellregeln
$T_1 = 4\tau$
$T_0 = 8\dfrac{\tau^2}{\tau_s} V_s$
Anregelzeit $\quad t_{an} = 3{,}2\tau$
Überschwingweite $h_{\ddot{u}} = 43{,}4\,\%$

Übertragungsfunktion des optimierten Kreises

$$G_O(s) = \frac{1+4s\tau}{s^2 8\tau^2 (1+s\tau)}$$

$$G_w(s) = \frac{1+s 4\tau}{1+s 4\tau + s^2 8\tau^2 + s^3 8\tau^3}$$

Übergangsfunktion der Regelgröße x nach einem Sollwertsprung

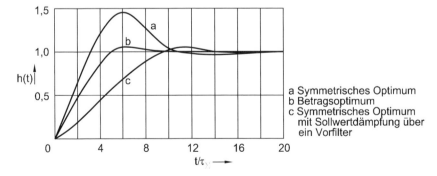

a Symmetrisches Optimum
b Betragsoptimum
c Symmetrisches Optimum mit Sollwertdämpfung über ein Vorfilter

Bild 1.5 Einstellkriterien für PI-Regler

Der Entwurf der Kaskadenregelung für den drehzahlgeregelten Antrieb erfolgt in zwei Schritten.

1. Schritt: Optimierung des inneren Regelkreises (Stromregelkreis) nach dem Betragsoptimum auf Führungsverhalten. Es wird die elektrische Zeitkonstante des Motors kompensiert. Die Führungsübertragungsfunktion $G_w(s)$ wird nur noch durch die Summenzeitkonstante der Teilregelstrecke bestimmt. Die Überschwingweite beträgt $h_ü = 4{,}3$ % (vergl. Bild 1.5).

2. Schritt: Optimierung des äußeren Regelkreises (Drehzahlregelkreis) nach dem symmetrischen Optimum auf Störverhalten. Als Störgröße z wirkt das Lastmoment an der Motorwelle. Der Eingriff der Störung auf die Regelstrecke liegt vor der zu kompensierenden großen Streckenzeitkonstante (elektromechanische Zeitkonstante des Antriebes). Der so optimierte Drehzahlregelkreis weist im Führungsverhalten (sprungförmige Vorgabe der Führungsgröße w) ein Überschwingen von $h_ü = 43{,}4$ % auf. Durch Vorschalten eines Führungsfilters, das den sprungförmigen Anstieg der Führungsgröße w verzögert (Sollwertdämpfung), kann das Überschwingen vermindert werden (vergl. Bild 1.5; $G_F(s)$). Das optimale Störverhalten bleibt dabei erhalten. Als Anstiegsfunktion wird meist die $\cos^2$-Funktion verwendet. Damit wird gleichzeitig eine Ruckbegrenzung erreicht. Vielfach genügt auch ein PT1-Glied mit der Zeitkonstante $T_F \geq 4\,\tau_\Sigma$. Der Übertragungsfaktor des Führungsfilters ist $K_F = 1$.

Gegenüber konventionellen Lösungen mit analogen Reglern auf Basis von Operationsverstärkern werden bei Servoantrieben hauptsächlich Digitalregler, die zeitdiskret mit einem festen Zeittakt arbeiten, eingesetzt. Die Einstellung der Regler erfolgt durch Programmierung des Regelalgorithmus. Der Digitalregler weist quasikontinuierliches Verhalten auf, wenn die Taktzeit des Rechners (Berechnung eines Wertes des Regelalgorithmus) kleiner als ein Sechstel bis ein Zehntel der zu kompensierenden Streckenzeitkonstante τ_s ist /1.3/, /1.4/. Übliche Taktzeiten für die Strom- und Drehzahlregelung sind 62,5 µs und für die Lageregelung 125 µs. Da die zu kompensierenden Streckenzeitkonstanten im unteren bis mittleren ms-Bereich liegen, können die für analoge Regler geltenden Optimierungsvorschriften nach Bild 1.5 auch für die Parametrierung digitaler Regler verwendet werden.

Die Umsetzung eines bisher analog realisierten PI-Reglers in einen digitalen PI-Regler kann mit dem quasikontinuierlichen Entwurf /1.4/ erfolgen. Ausgangspunkt ist ein analoger Regelkreis entsprechend Bild 1.5 mit einem PI-Regler, der durch einen digitalen PI-Regler ersetzt werden soll. Die Reglerdiskretisierung erfolgt, indem die Ableitung (Differentiation) durch den Differenzquotienten und die Integration durch eine numerische Integration (vorzeichenbehaftete Summenbildung) ersetzt werden.

Für den analogen PI-Regler nach Bild 1.5 gilt mit $K_p = T_1/T_0$ und $x_w(t) = w(t) - x(t)$ für die Reglerausgangsgröße $u(t)$:

$$u(t) = K_p x_w(t) + \frac{1}{T_0} \int x_w \, dt \tag{1.3}$$

Beim Übergang zur getakteten Arbeitsweise entspricht die Rechnertaktzeit der Differenz zwischen zwei Abtastzeitpunkten $T=t(n)-t(n-1)$. Die Reglerausgangsgröße zum Abtastzeitpunkt n beträgt dann

$$u(n) = K_p x_w(n) + \frac{T}{T_0} \sum_0^n x_w(n) \qquad (1.4)$$

Die Regelabweichung zum Abtastzeitpunkt n ist $x_w(n)=w(n)-x(n)$. Für den Stellgrößenzuwachs pro Rechnertaktzeit gilt:

$$\Delta u(n) = u(n) - u(n-1) = K_p \cdot \Delta x_w(n) + \frac{T}{T_0} x_w(n) \qquad (1.5)$$

mit $\Delta x_w(n) = x_w(n) - x_w(n-1)$.

1.5 Elektrischer Aktor

Die zunehmende Leistungsfähigkeit von Mikrocontrollern und digitalen Signalprozessoren (DSP) erlaubt eine Dezentralisierung bzw. Verlagerung der Regel-, Mess- und Steuerungseinrichtungen in den elektrischen Einzelantrieb. Damit ist der Servoantrieb sehr gut als Aktor in einem mechatronischen System einsetzbar. In diesem System werden die Bewegungselemente zur Steuerung von Fertigungs- und Produktionsprozessen vereinzelt und von geregelten Servoantrieben übernommen. Die bisher notwendigen mechanischen Koppelelemente zur koordinierten Bewegungsführung können dadurch entfallen. Sie werden durch intelligente Software (motion control) zur Steuerung der Einzelantriebe ersetzt. Der reduzierte Aufwand für die mechanischen Antriebsbaugruppen erhöht gleichzeitig die Flexibilität und Leistungsfähigkeit der Fertigungsprozesse. Bild 1.6 zeigt die Grundstruktur dieses Systems.

Der elektrische Servoantrieb stellt als Aktor die mechanischen Kräfte und die geforderte mechanische Bewegungsfunktion bereit. Das sind z. B. die Zeitfunktionen des Weges, der Geschwindigkeit und der Beschleunigung. Die Steuerung des Aktors erfolgt vom DSP über das leistungselektronische Stellglied. Die Antriebsmechanik (mechanische Umsetzeinheit) wird maßgeblich dadurch bestimmt, ob eine rotierende oder lineare elektrische Maschine als elektromechanischer Wandler eingesetzt wird. Wegen der engen Verzahnung bzw. Verschmelzung von Antrieb und Mechanik muss eine ganzheitliche Betrachtung des Aktorsystems erfolgen. Eine gezielte Beeinflussung der mechanischen Bewegungsgrößen ist nur durch entsprechend optimierte Regelkreise des Servoantriebes möglich.

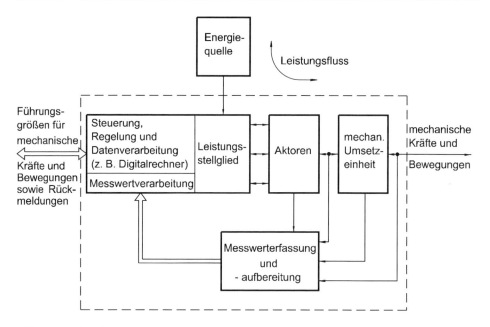

Bild 1.6 Grundstruktur eines mechatronischen Systems

Auch die Energieeffizienz von Einzelantrieb und Gesamtanlage spielt dabei eine wesentliche Rolle. Soll der Energieverbrauch einer Anlage verbessert werden, reicht es oftmals nicht, nur die Antriebsmechanik oder den Antriebsmotor zu optimieren. Vielmehr muss das ganze System im Zusammenspiel von Elektrik/Elektronik, Mechanik und Software ganzheitlich betrachtet werden.

Der Integrationsgrad mechatronischer Systeme geht in der Regel so weit, dass die einzelnen Teilfunktionen ohne den jeweils anderen Part nicht arbeitsfähig sind und die Gesamtfunktion nur durch das ideale Zusammenwirken aller Teilfunktionen realisiert werden kann. So lässt sich beispielsweise bei einigen Werkzeugmaschinen eine hohe Bearbeitungsgenauigkeit erst dann wirtschaftlich realisieren, wenn Unzulänglichkeiten in der mechanischen Struktur durch geeignete Sensorik erkannt und mittels intelligenter Informationsverarbeitung kompensiert werden. Aufgrund dieser Kompensation kann der Aufwand bei der Entwicklung und Fertigung der Maschine deutlich reduziert werden. Mechatronik ist damit die Basis für neue, intelligent gesteuerte Produkte mit gesteigerter Funktionalität, höherer Zuverlässigkeit und besserer Wirtschaftlichkeit.

Ein gewisses Grundelement in diesem mechatronischen System bildet der drehzahlgeregelte Servoantrieb mit unterlagerter Stromregelung.

Trotz unterschiedlicher physikalischer Wirkprinzipien der elektromechanischen Energiewandler

- Gleichstromnebenschlussmaschinen mit Permanenterregung,
- Synchronmaschinen mit Permanenterregung,
- Asynchronmaschinen mit Kurzschlussläufer

werden durch Verwendung ähnlicher Regelstrukturen annähernd gleiche Parameter und Kenngrößen der drehzahlgeregelten Servoantriebe erreicht. Damit besteht die Voraussetzung, diese Antriebstechnik in unterschiedlichen übergeordneten Steuerungshierarchien zur Bewegungssteuerung (motion control) einzusetzen. Das ist eine unabdingbare Voraussetzung zur weiteren Verlagerung der Intelligenz zum Einzelantrieb.

Betrachten wir nun die Anforderungen an elektrische Servoantriebe aus der Sicht stark unterschiedlicher technologischer Prozesse. Sie weichen von der klassischen Antriebstechnik ab und sind bei entsprechender Auslegung der stromrichtergespeisten elektrischen Maschine als elektromechanischer Energiewandler sowohl mit Gleichstrom- als auch mit Drehstromservoantrieben realisierbar. Dabei vergrößert sich jedoch die Einsatzbreite von elektrischen Servoantrieben vornehmlich durch die Drehstromantriebe weiter. Die mechatronische Betrachtungsweise des komplexen Antriebssystems erschließt der Drehstromantriebstechnik viele neue, innovative Anwendungsfelder.

2 Anforderungen an elektrische Servoantriebe

Soll der Einfluss statischer und dynamischer Kenngrößen elektrischer Servoantriebe auf die Qualität der Bewegungssteuerung von Werkzeug oder Werkstück bei Werkzeugmaschinen, Industrierobotern und sonstigen Handhabemechanismen sichtbar werden, so muss im Sinne einer mechatronischen Betrachtungsweise bei der Analyse von der gesamten Bewegungseinrichtung ausgegangen werden. Eine losgelöste Betrachtung einzelner Elemente führt zu falschen Schlussfolgerungen und kann im Endeffekt eine Fehlanpassung des elektrischen Servoantriebes zur Folge haben. Die weit gefächerten Anforderungen der unterschiedlichen technologischen Prozesse lassen sich den aus Tabelle 2.1 ersichtlichen Gruppen I und II zuordnen.

Die erste Gruppe beinhaltet die erforderlichen Kenngrößen, resultierend aus den Bearbeitungsvorgängen

- Drehen,
- Fräsen,
- Bohren

auf spanabhebenden Werkzeugmaschinen (WZM). Hierbei müssen die Antriebe in einem weiten Geschwindigkeitsbereich Vorschubkräfte zur Werkstückbearbeitung bereitstellen.

Die zweite Gruppe umfasst alle Vorgänge, bei denen mit den Stelleinrichtungen fast ausschließlich periodische Stellbewegungen mit kleiner Zykluszeit bei mittlerer bis hoher Positioniergenauigkeit (2 mm bis 0,2 µm) zu realisieren sind. Nennenswerte statische Vorschubkräfte werden hier nicht benötigt.

Als typische technologische Prozesse können dabei gelten:

- Schleifen
- Nibbeln
- kontinuierliche Zustellbewegungen von Roboterachsen (z. B. bei Montagerobotern)
- Zuführeinrichtungen an Pressen, Transferstraßen und WZM
- Bestückungsautomaten
- Wickelautomaten zur Herstellung von Synthesefasern
- Stapel- und Sortieranlagen
- Verseilanlagen

Tabelle 2.1 Parameter und Kenngrößen typischer technologischer Prozesse

	Gruppe I Drehen/Fräsen/Bohren	Gruppe II Schleifen/Handhab.
Eilgang v_{EIL}	20…100 m/min	50…300 m/min
Vorschubkraft F_V	Bis 100 kN	Nur Haltkraft bei $v=0$
Max. Vorschubgeschwindigkeit v_{max}	$(0{,}2…0{,}5)\, v_{EIL}$	$v_{max}=v_{EIL}$
Reibekraft F_R	$\leq 0{,}2 F_V$	500…5000 N
Beschleunigung a_{max}	3…20 m/s²	5…30 (150) m/s²
Positioniergenauigkeit	0,5…10 µm	0,1…2 mm (Schleifen 0,1…0,5 µm)
Zykluszeit t_Z	5…20 min	0,2…10 s (Ausnahme technol. Roboter)
Anteil der Bearbeitungsvorgänge an t_Z	70…90 %	
Anteil der Beschleunigungszeit an t_Z	2…5 %	45…65 %
Anzahl der Beschleunigungsvorgänge pro t_Z	60…120	4 (Ausnahme technolog. Roboter)
Mittlere Zeit für einen Positioniervorgang	0,5…2 s	0,05…2 s

In der Tabelle 2.1 sind Parameter und Kenngrößen der genannten technologischen Prozesse für die Gruppen I und II zusammengestellt. Es zeigt sich, dass in der Gruppe I die Anforderungen an die Servoantriebe wesentlich vielschichtiger sind als in der Gruppe II. Im Hinblick auf die richtige Antriebsdimensionierung lassen sich die folgenden Anforderungscharakteristika formulieren.

2.1 Gruppe I Bearbeitungsvorgänge Drehen, Fräsen und Bohren

Die Werkstückbearbeitung erfolgt durch Bewegung des Werkzeuges längs numerisch beschriebener Bahnen unter Einhaltung bestimmter von der Bearbeitungstechnologie abhängiger Bahngeschwindigkeiten. Die Werkzeugbahn entsteht dabei durch Simultanbewegung von mindestens zwei Bewegungsachsen (Maschinenschlitten) der Werkzeugmaschinen. Eine Koordinierung der einzelnen Stellbewegungen geschieht durch die numerische Bahnsteuerung (CNC-Steuerung). Für jede einzelne Bewegungsachse gelten dabei folgende Forderungen:

- Kontinuierliche Bereitstellung von Vorschubkräften im Geschwindigkeitsbereich von 0 bis ca. 50 % der Eilgangsgeschwindigkeit. Die größten Kräfte treten im unteren Bereich vom Stillstand (Halten im Lageregelkreis) bis zu etwa 20 % des Eilganges auf.
- Schlittenpositionierung mit Eilgangsgeschwindigkeiten von 20 bis 100 m/min zwischen den einzelnen Bearbeitungsvorgängen. Zur Einhaltung der geforderten Beschleunigungswege von $\Delta s = 30$ mm beträgt die erforderliche Schlittenbeschleunigung 3 bis 20 m/s².
- Kontinuierliche Schlittenbewegung im gesamten Vorschubbereich, d. h. für Bahnsteuerung von $v = 0$ bis v_{max}; bei stark schwankenden Vorschubkräften.
- Positioniergenauigkeit des Schlittens 0,5...10 µm bei Positionier- und Bearbeitungsvorgängen.
- Typische Zykluszeit für die Bearbeitung eines Werkstückes $t_z = 5$ bis 20 Minuten.
- Während der Zykluszeit erfolgt durchschnittlich im Zeitabstand von 2,5 s (kleine Drehmaschinen) bis 120 s (große Fräsmaschinen und Bohrwerke) ein Positioniervorgang.
- Der Anteil der Positioniervorgänge einer Bewegungsachse an der Zykluszeit beträgt lediglich zwischen 2 % und 5 % (minimale Leerzeiten); in der übrigen Zeit erfolgt die Bereitstellung von Vorschubkräften zur Bearbeitung bzw. von Haltekräften ($v = 0$) bei Bearbeitung des Werkstückes von anderen Achsen.
- Die Umsetzung von Rotation in Translation geschieht vorzugsweise mit Spindeltrieb. Die hohen Eilgangsgeschwindigkeiten bzw. Beschleunigungen erfordern jedoch zunehmend den Einsatz von Linearantrieben (permanenterregte Synchronmaschinen).
- Bei kleinen und teilweise auch mittleren Werkzeugmaschinen werden spielarme Vorschubgetriebe eingesetzt. Bei allen anderen Werkzeugmaschinen hat sich der Direktantrieb der Kugelspindel über Zahnriemen mit $u_G \approx 1$ durchgesetzt.
- Der Anbau des Wegmesssystems erfolgt je nach Genauigkeitsforderungen und Steife der mechanischen Übertragungselemente am Stellmotor (rotatorische Messsysteme) oder direkt am Schlitten (translatorische Messsysteme).

2.2 Gruppe II periodische Stellbewegungen

Es sind meist periodische Stellbewegungen zur Werkstück- oder Werkzeughandhabung bzw. Werkzeugführung nach einem bestimmten Zeit- und/oder Wegregime auszuführen. Gegenüber den Forderungen der Bahnsteuerung (Gruppe I) ist die strenge zeitliche Simultanbewegung einzelner Achsen nicht zwingend notwendig. Es genügt meist eine Koordinierung der Stellbewegungen zu bestimmten Zeitpunkten. Eine Ausnahme bilden die Greiferführungsbewegungen an Robotern, wenn mit dem Werkstück/Werkzeug eine bestimmte Bahnkurve verfahren werden muss. Die Anforderungen an die Bahntreue sind jedoch nicht mit denen der Gruppe I vergleichbar. Neben Oszillierbewegungen beim

Schleifen, Nibbeln oder Bohren von Leiterplatten mit teilweise extremen Genauigkeitsforderungen sind solche Stellbewegungen typisch für

- Montageroboter und technologische Roboter zur Greiferführung bei den unterschiedlichsten technologischen Prozessen, wie z. B. Montagearbeiten, Lichtbogen- und Punktschweißen, Oberflächenbeschichten und Entgraten, Laserbearbeitung;
- Roboter für Werkstück- und Werkzeughandhabung im Sinne von Zu- und Abführeinrichtungen an Be- und Verarbeitungsmaschinen. Hierzu gehört besonders das Beschicken von Pressen, Schmieden und Drehmaschinen, aber auch von Arbeitsplätzen der Montageroboter.

Für alle diese recht unterschiedlichen Einsatzgebiete der Stellantriebe gelten jedoch die nachfolgend genannten Grundforderungen:

- Betrieb der Stellachsen mit $v = 0$ (Stillstand) oder $v = v_{Eil}$ (Eilgang). Die statischen Vorschubkräfte dienen fast ausschließlich zur Überwindung der Reibung und nur teilweise zum Halten der Handhabemasse. Es treten also keine nennenswerten zusätzlichen statischen Kräfte aus dem Handhabungsprozess auf, d. h., die Vorschubkräfte werden überwiegend während der Übergangsvorgänge zum Beschleunigen oder Bremsen benötigt.
- Die erforderliche mittlere Beschleunigung der gehandhabten Masse beträgt 0,5 bis 3 m/s² bei Montagearbeiten und bis zu 150 m/s² bei reinen Beschickungsaufgaben.
- Die Positioniergenauigkeit ist nicht so hoch wie bei Gruppe I und beträgt mit Ausnahme des Schleifens (0,1 ... 0,5 µm) nur 0,1 mm bis 2 mm.
- Die Zykluszeit ist im Vergleich zu Gruppe I kleiner und liegt je nach Einsatzfall zwischen 0,2 s und ca. 5 min.
- Der Anteil der Beschleunigungs- und Bremsvorgänge in Höhe von 45 % bis 65 % an der Zykluszeit liegt deutlich über den Werten bei der zerspanenden Bearbeitung und stellt die Hauptbelastung des Stellantriebes dar.
- Die hohen Verfahrgeschwindigkeiten (bis 300 m/min), verbunden mit den langen Verfahrwegen (bis zu 5 m) und den hohen mittleren Beschleunigungen, erfordern eine optimale, dem Anwendungsfall angepasste Auslegung der mechanischen Übertragungselemente. Die Palette reicht vom Spindelantrieb über Ritzel-Zahnstange und Bandantrieb für translatorische Bewegungen bis hin zum hoch übersetzenden Getriebe (Harmonic Drive) für Drehbewegungen.
- Der Anbau des Wegmesssystems erfolgt aufgrund der geringeren Genauigkeitsforderungen überwiegend am Stellmotor.
- Die Einhaltung vertretbarer Bremswege oder Bremsdrehwinkel im Havariefall erfordert anwendungsspezifische Maßnahmen zur Stillsetzung der Stelleinrichtung, wie Nutzung der mechanischen Haltebremse des Motors, Kurzschlussbremsung des Stellmotors, Einbau mechanischer Stoßdämpfer an den Endlagen der Handhabeein-

richtung und mechanische Bremseinrichtung für die bewegten Teile des mechanischen Übertragungssystems bei gleichzeitiger Abkopplung des Stellmotors.

2.3 Erforderliche Kenngrößen des Servoantriebes

In Verallgemeinerung der erläuterten Anforderungscharakteristika an Servoantriebe ergibt sich damit das in Bild 2.1 dargestellte erforderliche Drehzahl-Drehmoment-Kennlinienfeld für statischen und dynamischen Betrieb.

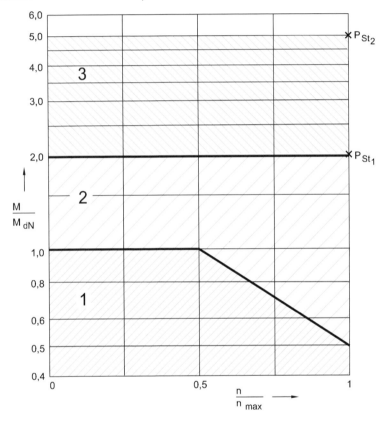

1 Bereich für stationären Betrieb, vergleichbar Nennbetriebsart S1
2 Bereich für stationären Betrieb, vergleichbar Nennbetriebsart S3,
    Betriebszeit t_B = 5 ... 20 min
3 Bereich für dynamischen Betrieb, Betriebszeit t_B < 0,2 s

Bild 2.1 Erforderliches Drehzahl-Drehmoment-Kennlinienfeld

Dieses Kennlinienfeld kann mit unterschiedlichen Motorkonzeptionen sowohl als Gleichstrom- als auch als Drehstromservomotor realisiert werden.

Das Dauerdrehmoment M_{dN} des stromrichtergespeisten Servomotors stellt das aus thermischen Gründen zulässige Drehmoment in einem weiten Drehzahlbereich (Stillstand bis mindestens 50 % der Maximaldrehzahl) im quasistationären Betrieb (vergleichbar Betriebsart S1) dar. Die Kennlinien für S1- und S3-Betrieb berücksichtigen vorrangig die spezifischen Betriebsbedingungen der Anforderungsgruppe I (Drehen, Fräsen, Bohren) im quasistationären Betrieb. Mit der Unterteilung des stationären Betriebes in zwei Bereiche wird die stark unterschiedliche Zeitdauer der Drehmomentbereitstellung entsprechend der Bearbeitungstechnologie auf der WZM berücksichtigt. Die Drehzahlabhängigkeit der stationären Drehmomente resultiert ebenfalls aus den Bearbeitungsvorgängen Drehen, Fräsen und Bohren. Die Überlastbarkeit des Antriebes im stationären Betrieb (Bereich 2) bis ca. 2 M_{dN} wird bei Handhabemechanismen der Gruppe II während der periodischen Beschleunigungs- und Bremsvorgänge im gesamten Drehzahlbereich ständig benötigt.

Der Bereich für dynamischen Betrieb (Bereich 3) mit einer Betriebszeit < 0,2 s ist für die Anforderungsgruppe I charakteristisch. Der Streubereich resultiert aus dem Freiheitsgrad bei der Auslegung des mechanischen Übertragungssystems, den unterschiedlichen dynamischen Anforderungen und dem Anteil von dynamischen Vorgängen an der Zykluszeit des Belastungsspiels.

Die mechanische Ausgangsleistung P_{st1} muss vom Stromrichter als Dauerleistung bereitgestellt werden:

$$P_{St1} = 2 \cdot M_{dN} \cdot 2 \cdot \pi \cdot n_{max} \quad (2.1)$$

Die Kurzzeitleistung P_{st2} ist abhängig vom konkreten Einsatzfall

$$P_{St2} = (2...5) \cdot M_{dN} \cdot 2 \cdot \pi \cdot n_{max} \quad (2.2)$$

Das Dauerdrehmoment von Servoantrieben liegt im Bereich von M_{dN} = 0,1 Nm bis ca. 150 Nm bei Maximaldrehzahlen von n_{max} = 4000 U/min bis 6000 U/min. Wesentlich größere Drehmomente (500 Nm bis ca. 20000 Nm) sind mit sog. Direktantrieben mit Torquemotor bei Maximaldrehzahlen von 50 U/min bis 250 U/min realisierbar.

Zur Erzielung des notwendigen Drehzahlstellbereiches von

$$n_{max} : n_{min} \geq 10000 : 1 \quad (2.3)$$

ergeben sich hohe Anforderungen an die statische Genauigkeit der Drehzahlregelung und an die Rundlaufeigenschaften des Antriebes bei extrem niedrigen Drehzahlen von $n_{min} \ll$ 1 U/min.

Die Rundlaufeigenschaften sind durch den Ungleichförmigkeitsgrad K_n der Drehbewegung definiert.

$$K_n = \frac{n_{max} - n_{min}}{n_{mittel}} \quad (2.4)$$

2.3 Erforderliche Kenngrößen des Servoantriebes

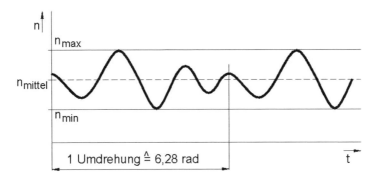

Bild 2.2 Ungleichförmigkeit der Drehbewegung, bezogen auf eine Umdrehung der Motorwelle

Dabei ist n_{mittel} die mittlere im drehzahlgeregelten Betrieb vorgegebene Solldrehzahl und n_{max} bzw. n_{min} stellen die maximalen Abweichungen des Drehzahlistwertes während einer Umdrehung der Motorwelle von der mittleren Istdrehzahl dar.

Weitere statische Drehzahlfehler treten auf bei Änderung der Belastung des Antriebes zwischen 0 und dem Dauerdrehmoment M_{dN} (Lastdrehzahlfehler ΔL) und bei Änderung der Drehrichtung (Drehzahlfehler ΔR) bei konstantem Drehzahlsollwert. Richtwerte für die Fehlergrenzen sind aus Tabelle 2.2 ersichtlich.

Tabelle 2.2 Richtwerte für zulässige Drehzahlfehler und Ungleichförmigkeitsgrad

Drehzahl des Antriebes	Lastfehler ΔL	Drehrichtung ΔR	Ungleichförmigkeit K_n
$0{,}1\,n_{max}$	1 %	1 %	0,1
$0{,}01\,n_{max}$	3 %	2,5 %	0,1
$0{,}001\,n_{max}$	7,5 %	5 %	0,15
$0{,}0001\,n_{max}$	10 %	10 %	0,25

Für den Drehzahlfehler ΔL bei Laständerung gilt:

$$\Delta L = \frac{n_0 - n_{MdN}}{n_0} \quad \text{mit} \tag{2.5}$$

n_0 – Drehzahl bei Leerlauf und
n_{MdN} – Drehzahl bei Dauerdrehmoment.

Der Drehrichtungsfehler gibt die Abweichung der Drehzahl bei Drehrichtungswechsel für konstanten Drehzahlsollwert und konstante Belastung an.

$$\Delta R = 2 \cdot \frac{|n|_{rechts} - |n|_{links}}{|n|_{rechts} + |n|_{links}} \tag{2.6}$$

3 Mechanisches Übertragungssystem

Das mechanische Übertragungssystem ist notwendig, wenn die Ausgangsgrößen des Servomotors an die Erfordernisse des technologischen Prozesses angepasst werden müssen (Bild 3.1). Das ist mit Ausnahme von Linearmotoren und Torquemotoren immer erforderlich. Dabei handelt es sich um die Umsetzung in eine translatorische Bewegung oder um die Realisierung von Drehbewegungen mit dem Grenzfall für den Drehwinkel φ kleiner 1 Umdrehung ($\varphi < 6{,}28$ rad).

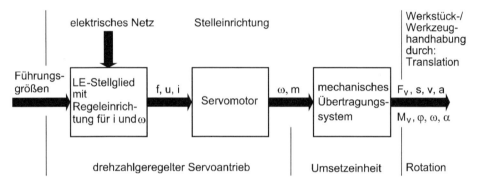

Bild 3.1 Funktionselemente der Stelleinrichtung

Jeder Antrieb bewirkt die Bewegung längs einer Achse eines Koordinatensystems (kartesische Koordinaten, Polarkoordinaten). Die Auslegung des mechanischen Übertragungssystems erfolgt mit der Zielstellung, die Bewegungsparameter optimal an die Kenngrößen Drehmoment und Winkelgeschwindigkeit des Servomotors anzupassen. Dies betrifft sowohl die statischen mechanischen Kenngrößen als auch die dynamischen Parameter zur Realisierung von Übergangsvorgängen mit minimalem Energieaufwand. Bei Linearantrieben und Antrieben mit Torquemotoren gestaltet sich das mechanische System einfacher bzw. entfällt vollständig. Dafür ergeben sich aber zusätzliche konstruktive Gesichtspunkte beim Um- bzw. Einbau des Linearmotors (vgl. Abschnitt 5.2.1). Diese Antriebe sind integraler Bestandteil der Arbeitsmaschine, was besondere Vorkehrungen zur Abführung der in den Servomotoren enstehenden Verlustwärme erfordert. Weiterhin ergeben sich insbesondere beim Linearantrieb zusätzliche konstruktive Aufwendungen für Führungsbahnen, Abdeckvorrichtungen und Schleppeinrichtungen für die Versorgungsleitungen des Linearmotors.

3.1 Kenngrößen eines Bewegungsvorganges

Translatorische und rotatorische Bewegungen werden durch gleichartige Beziehungen beschrieben. In Tabelle 3.1 sind die wichtigsten Kenngrößen gegenübergestellt.

Tabelle 3.1 Kenngrößen des Bewegungsvorganges

Translationsbewegung			Rotationsbewegung		
Größe	Gleichung	Einheit	Größe	Gleichung	Einheit
Weg	$s = \int v\,dt$	m	Winkel	$\varphi = \int \omega\,dt$	rad
Geschwindigkeit	$v = \frac{ds}{dt} = \int a\,dt$	$\frac{m}{s}$	Winkelgeschwindigkeit	$\omega = \frac{d\varphi}{dt} = \int \alpha\,dt$	$\frac{rad}{s}$
Beschleunigung	$a = \frac{dv}{dt}$	$\frac{m}{s^2}$	Winkelbeschleunigung	$\alpha = \frac{d\omega}{dt}$	$\frac{rad}{s^2}$
Ruck	$r = \frac{da}{dt}$	$\frac{m}{s^3}$	Winkelruck	$\rho = \frac{d\alpha}{dt}$	$\frac{rad}{s^3}$
Masse	m	kg	Massenträgheitsmoment	J	kgm^2; Nms^2
Kraft	F	N	Drehmoment	$M = F \cdot r$	Nm
Leistung	$P = F \cdot v$	W	Leistung	$P = M \cdot \omega$	W
Kinetische Energie	$W_{Kin} = \frac{m}{2} v^2$	$\frac{kgm^2}{s^2}$; Nm; Ws	Kinetische Energie	$W_{Kin} = \frac{J}{2} \omega^2$	$\frac{kgm^2}{s^2}$; Nm; Ws
Arbeit	$W = F \cdot s$	Nm; Ws	Arbeit	$W = M \cdot \varphi$	Nm; Ws

Die dimensionslose Winkeleinheit (rad) bei Rotationsbewegungen wird häufig weggelassen. Falls Verwechslungen möglich sind, sollte sie jedoch angegeben werden. Elementare Bewegungsvorgänge sind die gleichförmige Bewegung (a, $\alpha = 0$) und die gleichmäßig beschleunigte Bewegung (a, α = konst.). Positioniervorgänge zwischen zwei Wegpunkten einer Bewegungsachse setzen sich aus diesen Vorgängen zusammen (vgl. Bild 3.6). Der Servomotor muss während des Bewegungsvorganges die geforderten Bewegungsgrößen möglichst unverzögert mit einem hohen Wirkungsgrad bereitstellen. Diese lassen sich prinzipiell unterteilen in statische Kenngrößen:

- Bereitstellung der Kräfte/Drehmomente zur Verrichtung mechanischer Arbeit bei unterschiedlichen Winkelgeschwindigkeiten der Motorwelle,
- Deckung der Verluste im mechanischen Übertragungssystem in der Betriebsart Treiben,
- Bereitstellung von Kräften/Drehmomenten im Stillstand ($\omega = 0$), die von der gleichzeitigen Bewegung anderer Achsen herrühren, etwa das Halten der Achse bei Lageregelung im Stillstand,

und dynamische Kenngrößen:

- Bereitstellung des dynamischen Momentes im gesamten Geschwindigkeitsbereich für Beschleunigungs- und Bremsvorgänge der bewegten Massen des Systems,

- Ruckbegrenzung bzw. Beschleunigungsführung der bewegten Massen durch Vorgabe des dynamischen Momentes als variable Funktion der Zeit.

3.2 Modell des mechanischen Übertragungssystems

Bei den folgenden Betrachtungen wird von einem starren mechanischen Übertragungssystem ausgegangen. Diese Vereinfachung ist für die Darstellung des Übertragungsverhaltens des geregelten elektrischen Servoantriebes zulässig. Im realen Übertragungssystem sind die bewegten Massen jedoch auf Wellen, Kupplungen, Räder, Schlitten u. a. verteilt. Neben den an vielen Elementen auftretenden Reibkräften oder -momenten kommt es unter dem Einfluss der dynamischen Beanspruchung auch zu einer elastischen Verformung einzelner Übertragungselemente. Damit treten möglicherweise unerwünschte Schwingungen im System auf, die nachhaltig das Übertragungsverhalten des Antriebssystems beeinflussen können.

Als zweckmäßig hat sich erwiesen, das mechanische Originalsystem in ein n-Massen-Torsionsschwingungsmodell zu zerlegen. Die Teilkomponenten werden in konzentrierte Ersatzmassen oder –trägheitsmomente zerlegt, die durch masselose Federelemente (Ersatzsteifigkeiten) elastisch gekoppelt sind.

Einen ersten Ansatz zur Beurteilung der Passfähigkeit von elektrischem Antrieb und Mechanik bietet bereits das Zweimassensystem (/1.1/. und /5.4/). Dabei wird zumindest die niedrigste Resonanzfrequenz ω_{0m} des mechanischen Schwingungssystems berücksichtigt. Die rotierenden Teile des Übertragungssystems sind rotationssymmetrisch und ihre Trägheitsmomente lassen sich bei bekannter Materialdichte ρ über die Gleichung für den Vollzylinder mit dem Durchmesser d und der Länge l berechnen.

$$J = \frac{\pi \cdot \rho \cdot l}{32} \cdot d^4 \tag{3.1}$$

In Tabelle 3.2 sind die Werte der Trägheitsmomente und Massen rotationssymmetrischer Teile aus Stahl mit einer Dichte $\rho = 7{,}85 \cdot 10^3$ kg/m^3 für verschiedene Durchmesser d, bezogen auf die Länge $l=1$ m, angegeben.

Trägheitsmomente von Hohlzylindern können leicht aus den bezogenen Werten für den Vollzylinder abzüglich der Werte für den Durchmesser des Hohlraumes ermittelt werden. Für andere Materialdichten ergeben sich die Werte aus der Multiplikation mit dem auf die Dichte von Stahl bezogenen Dichtefaktor.

Tabelle 3.2 Trägheitsmomente und Massen rotationssymetrischer Teile, bezogen auf 1 m Länge für Stahl mit $\rho = 7{,}85 \cdot 10^3$ kg/m^3

d mm	J kgm^2/m	m kg/m	d mm	J kgm^2/m	m kg/m
10	$0{,}077 \cdot 10^{-4}$	0,617	110	0,112835	74,6
15	$0{,}390 \cdot 10^{-4}$	1,39	120	0,159808	88,8
20	$1{,}233 \cdot 10^{-4}$	2,47	130	0,220113	104
25	$3{,}010 \cdot 10^{-4}$	3,85	140	0,296075	121
30	$6{,}242 \cdot 10^{-4}$	5,55	150	0,390150	139
35	$11{,}565 \cdot 10^{-4}$	7,55	160	0,505075	158
40	$19{,}730 \cdot 10^{-4}$	9,86	170	0,643675	168
45	$31{,}602 \cdot 10^{-4}$	12,5	180	0,809025	200
50	$48{,}165 \cdot 10^{-4}$	15,4	190	1,00435	223
55	$70{,}520 \cdot 10^{-4}$	18,7	200	1,23308	247
60	$99{,}877 \cdot 10^{-4}$	22,2	210	1,49883	272
65	$137{,}572 \cdot 10^{-4}$	26,0	220	1,80535	298
70	$185{,}037 \cdot 10^{-4}$	30,2	230	2,15665	326
75	$243{,}845 \cdot 10^{-4}$	34,7	240	2,5570	355
80	$315{,}675 \cdot 10^{-4}$	39,5	250	3,0105	385
85	$402{,}300 \cdot 10^{-4}$	44,5	260	3,5217	417
90	$505{,}650 \cdot 10^{-4}$	49,9	270	4,0832	449
95	$627{,}725 \cdot 10^{-4}$	55,6	280	4,7372	483
100	$770{,}675 \cdot 10^{-4}$	61,7	300	6,2425	555

3.3 Umsetzfaktor

Der Umsetzfaktor u der einzelnen Komponenten des mechanischen Übertragungssystems wird einheitlich definiert:

$$u = \frac{\text{Ausgangsgröße der Bewegung}}{\text{Eingangsgröße der Bewegung}} \tag{3.2}$$

Diese Definition entspricht damit prinzipiell der Beschreibung des statischen und dynamischen Verhaltens der elektrischen Komponenten des Antriebes mittels der Übertragungsfunktion /3.1/. Dadurch wird eine einheitliche Betrachtung des mechatronischen Systems von der Netzeinspeisung bis zur Arbeitsmaschine gewährleistet. Das ist u. a. vorteilhaft bei der digitalen Simulation des Gesamtsystems. Gebräuchliche Umsetzeinheiten sind in Bild 3.2 dargestellt.

3.3 Umsetzfaktor

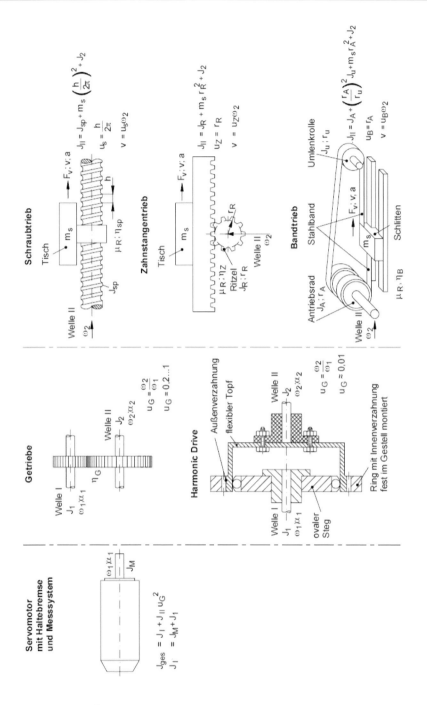

Bild 3.2 Mechanisches Übertragungssystem

Die Umsetzeinheiten von Rotation in Rotation sind:

- Getriebe (Stirnradgetriebe, Planetengetriebe, Harmonic Drive) mit

$$u_G = \frac{\varphi_2}{\varphi_1} = \frac{\omega_2}{\omega_1} = \frac{\alpha_2}{\alpha_1} \qquad (3.3)$$

Dies entspricht dem Reziprokwert des Übersetzungsverhältnisses für Getriebe ($u_G = 1/i_G$).
- Zahnriemengetriebe mit $u_G \approx 1$ und
- Rundtische mit Torquemotoren (siehe Abschnitt 5.2.1) zum Schwenken von großen Werkstücken mit $\varphi_2 < 6{,}28$ rad$=2\pi$.

Die gebräuchlichsten Umsetzeinheiten von Rotation in Translation sind (siehe Bild 3.2):

- Schraubtrieb,
- Zahnstangentrieb und
- Bandtrieb.

Der Umsetzfaktor für die Umsetzung von Rotation in Translation ist dimensionsbehaftet und auf eine Umdrehung der Eingangswelle bezogen ($\varphi_2 = 2\pi = 6{,}28$ rad) (vgl. Bild 3.2).

$$u_T = \frac{s}{\varphi_2} \text{ in m} \qquad (3.4)$$

Bei hohen Genauigkeitsforderungen wird der Schraubtrieb angewendet. Der maximale Verfahrweg beträgt dabei ca. 2,5 m. Längere Verfahrwege sind mit dem Zahnstangentrieb und dem Bandtrieb möglich. Dabei ist die Zustellgenauigkeit etwas geringer. Beim Zahnstangentrieb kann sowohl die Zahnstange als auch das Ritzel translatorisch bewegt werden.

Mit dem Bandtrieb sind extrem hohe Beschleunigungen realisierbar. Das trifft auch auf den direkten Linearantrieb der Masse m_s zu. Die Umsetzfaktoren sind in Bild 3.2 angegeben.

Weitere Möglichkeiten zur Umsetzung einer Drehbewegung in eine translatorische Bewegung bieten:

- der Walzenvorschub (Treibrad – Treibrad),
- das Rad-Schiene-System und
- Stabgelenk-Systeme (Tripod, Hexapod) unter Verwendung von drei bzw. sechs Linearachsen.

3.4 Umrechnung der mechanischen Größen auf die Welle des Servomotors

Für die Antriebsauswahl ist es notwendig, alle mechanischen Größen auf die Antriebswelle (Welle I in Bild 3.2) umzurechnen. Das Prinzip der Umrechnung für die Betriebsarten Treiben und Bremsen ist aus Bild 3.3 ersichtlich.

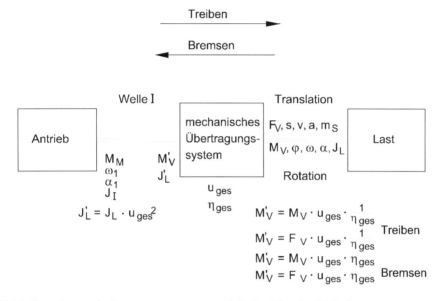

Bild 3.3 Umrechnung der Bewegungsparameter auf die Antriebsseite (Welle I)

Der Umsetzfaktor u_{ges} ist das Produkt der Umsetzfaktoren aller Komponenten des Übertragungssystems. Das Gleiche gilt für den Gesamtwirkungsgrad η_{ges} des Systems. Bei translatorischer Bewegung wird die Reibkraft F_R zur Überwindung der Schlitten- bzw. Lagerreibung bei der Vorschubkraft F_V berücksichtigt.

$$F_V = F_R + F_S \tag{3.5}$$

Dabei ist F_s die für den jeweiligen Bearbeitungsprozess aufzubringende Schnittkraft.

Die Reibkraft ist stark von der konstruktiven Gestaltung der Umsetzeinheit, der Schlittenführung und den dabei verwendeten Werkstoffen sowie der Stellgeschwindigkeit v abhängig.

Näherungsweise gilt für die Reibkraft der Schlittenführung:

$$F_R = m_s \cdot g \cdot \mu_R(v) \tag{3.6}$$

Für genauere Betrachtungen sind auch noch die von der Art des Bearbeitungsvorganges (Fräsen, Drehen) abhängige, senkrecht zur Schlittenführung wirkende Komponente der

Schnittkraft und die Reibungsverluste in axialen Rollenlagern, z. B. bei der Spindellagerung, zu berücksichtigen. Hierzu sei auf die ausführlichen Darstellungen in /3.1/ verwiesen.

3.4.1 Drehmoment M_v', Winkelgeschwindigkeit ω_1 bzw. Drehzahl n_1

Das auf die Welle I bezogene Lastmoment M_v' wird über die Leistungsbilanz bestimmt. Für die Betriebsart Treiben gilt:

$$M_v' = \frac{F_V \cdot u_{ges}}{\eta_{ges}} \qquad (3.7)$$

und im Bremsbetrieb:

$$M_v' = F_v \cdot u_{ges} \cdot \eta_{ges} \qquad (3.8)$$

Für die thermische Auswahl eines Antriebsmotors ist das Effektivmoment kritischer Belastungszyklen eine bestimmende Größe. Da das Lastmoment im Belastungszyklus abschnittsweise konstant ist, kann das Effektivmoment nach der Beziehung

$$M_{eff} = \sqrt{\frac{1}{t_z} \sum_{i=1}^{n} m_{vi}^2 \cdot \Delta t_i} \qquad (3.9)$$

berechnet werden.

Dabei ist $t_z = \sum_{i=1}^{n} \Delta t_i$ die Zykluszeit und m_{vi} das konstante Lastmoment für das Zeitintervall Δt_i. Die Gl. (3.9) gilt auch sinngemäß für die Berechnung der effektiven Vorschubkraft F_{veff}. Aus dieser kann über den Gesamtumsetzfaktor des mechanischen Übertragungssystems und den Wirkungsgrad der Übertragungselemente das erforderliche Effektivmoment M_{eff} an der Motorwelle (Welle I) für die Betriebsart Treiben (Gl. (3.7)) bestimmt werden.

Die Bewegungsgrößen s, v, a bzw. φ, ω, α werden mit dem Umsetzfaktor u_{ges} umgerechnet. Für die Winkelgeschwindigkeit ω_1 der Welle I gilt:

$$\omega_1 = \frac{v}{u_{ges}} \qquad (3.10)$$

Die Drehzahl n_1 ergibt sich damit zu

$$n_1 = \frac{\omega_1}{2\pi} \tag{3.11}$$

3.4.2 Trägheiten und Massen

Die Bestimmung von Ersatzträgheitsmomenten der translatorisch bewegten Massen bzw. die Umrechnung der Trägheitsmomente erfolgt über die Energiebilanz mit dem Quadrat des jeweiligen Umsetzfaktors. Die Beziehungen sind aus Bild 3.2 ersichtlich. Dabei sind

- J_I die Summe aller Trägheiten, die mit Welle I rotieren, und
- J_{II} die Summe aller Ersatzträgheitsmomente, bezogen auf die Getriebeabtriebsseite (Welle II).

In Bild 3.2 ist das Trägheitsmoment des einstufigen Getriebes geteilt in J_1 (Welle I) und J_2 (Welle II) für die Getrieberäder angegeben. Oft wird vom Getriebehersteller das Gesamtträgheitsmoment des Getriebes J_G (besonders bei mehrstufigen Getrieben, z. B. Planetengetrieben) bezogen auf die Welle I oder Welle II aufgeführt. Dies ist bei der Ermittlung von J_{ges} entsprechend zu berücksichtigen.

Bei der Berechnung des Gesamtträgheitsmomentes wird meist der Wirkungsgrad des Übertragungssystems mit $\eta_{ges} = 1$ genähert. Damit ergeben sich für die Betriebsarten Treiben und Bremsen die gleichen Gesamtträgheitsmomente, bezogen auf die Welle I.

3.5 Mechanische Anpassung, optimaler Getriebeumsetzfaktor

Zur Ermittlung des optimalen Getriebeumsetzfaktors geht man zweckmäßigerweise von der Bewegungsgleichung aus. Der Servoantrieb hat die Aufgabe, neben der Bereitstellung des statischen Vorschubmomentes m_v den Schlitten mit Werkstück in einer geforderten Zeit auf die Eilgangsgeschwindigkeit ω_{1max} zu beschleunigen bzw. ihn stillzusetzen.

$$m_M = m_v + m_{dyn} \tag{3.12}$$

Bei veränderlichem Massenträgheitsmoment (z. B. Roboterachsen, Wickelantriebe) gilt allgemein /3.3/:

$$m_{dyn} = J_{ges} \cdot \frac{d\omega_1}{dt} + \frac{\omega_1}{2} \cdot \frac{d}{dt} J_{ges}(t) \tag{3.13}$$

Bei sehr vielen Anwendungen ist das Massenträgheitsmoment jedoch konstant.

Damit gilt für das dynamische Moment:

$$m_{dyn} = J_{ges} \frac{d\omega_1}{dt} \tag{3.14}$$

Wesentliche Kenngrößen für die dynamische Anpassung des Stellantriebes an die Lastbedingungen sind nach /3.2/, /3.3/ die Beschleunigung

$$\alpha = \frac{m_{dyn}}{J} \tag{3.15}$$

und die dynamische Leistung

$$L = m_{dyn} \cdot \alpha = \frac{m_{dyn}^2}{J} \tag{3.16}$$

Die dynamische Leistung ist die zeitliche Ableitung der Antriebsleistung, die für einen dynamischen Übergangsvorgang (Beschleunigen/Bremsen) benötigt wird. Dabei wird das dynamische Moment m_{dyn} während dieser Übergangszeit als konstante Größe angenommen.

Die dynamische Leistung gibt die Fähigkeit des Antriebes zur Beschleunigung von Trägheitsmomenten an. Im Interesse eines möglichst geringen Energieinhaltes der bewegten Massen des gesamten Übertragungssystems (auch aus Sicherheitsgründen im Havariefall) müssen die dynamischen Übergangsvorgänge mit einem minimalen Energieaufwand erfolgen, was einer optimalen thermischen Ausnutzung des Stellmotors entspricht. Bei Vernachlässigung des stationären Lastmomentes m_v lautet die Bewegungsgleichung für den dynamischen Übergangsvorgang:

$$m_M = m_{dyn} = J_{ges} \cdot \frac{d\omega_1}{dt} \tag{3.17}$$

mit

$$J_{ges} = J_I + u_G^2 \cdot J_{II} \text{ (vergl. Bild 3.2)} \tag{3.18}$$

Mit Gl. (3.2) ergibt sich aus Gl. (3.17):

$$m_{dyn} = (J_I + u_G^2 \cdot J_{II}) \frac{1}{u_G} \cdot \frac{d\omega_2}{dt} = m_{dyn1} + m_{dyn2} \tag{3.19}$$

Der Getriebeumsetzfaktor ist dann optimal, wenn das für die Beschleunigung/Bremsung erforderliche dynamische Moment ein Minimum annimmt und konstant ist.

3.5 Mechanische Anpassung, optimaler Getriebeumsetzfaktor

Mit m_{dyn} = konst. für die Beschleunigungszeit t_b um $\Delta\omega_2$ folgt:

$$\frac{d\omega_2}{dt} = \frac{\Delta\omega_2}{t_b} \tag{3.20}$$

$$m_{dyn} = \frac{J_1 \cdot \Delta\omega_2}{t_b}\left(\frac{1}{u_G} + u_G \frac{J_{II}}{J_I}\right) = Min \tag{3.21}$$

$$\frac{dm_{dyn}}{du_G} = \frac{J_1 \cdot \Delta\omega_2}{t_b}\left(-\frac{1}{u_G^2} + \frac{J_{II}}{J_I}\right) = 0 \tag{3.22}$$

$$u_{Gopt} = \sqrt{\frac{J_I}{J_{II}}} \tag{3.23}$$

$$J_I = u_{Gopt}^2 \cdot J_{II} = J_{II}' \tag{3.24}$$

Für $u_G = u_{Gopt}$ verteilt sich die Beschleunigungsenergie N_1 laut /3.4/ gleichmäßig auf die beiden Trägheitsmomente J_I und J_{II}.

$$N_1 = (J_I + u_{Gopt}^2 J_{II}) \cdot \alpha_1 \cdot \omega_1 = 2 \cdot J_I \cdot \alpha_1 \cdot \omega_1 \tag{3.25}$$

$$N_2 = J_{II} \cdot \alpha_2 \cdot \omega_2 = J_{II} \cdot u_{Gopt}^2 \cdot \alpha_1 \cdot \omega_1 = 0,5 \, N_1 \tag{3.26}$$

Für die vom Servomotor aufzubringende dynamische Leistung L_1 gilt bezogen auf die ausschließlich zur Beschleunigung der Lastträgheit J_{II} notwendige dynamische Leistung $L_2 = m_{dyn2} \cdot \alpha_2$ die Beziehung

$$\frac{L_1}{L_2} = \left(\frac{u_G}{u_{Gopt}} + \frac{u_{Gopt}}{u_G}\right)^2 \tag{3.27}$$

Auch die dynamische Leistung L_1 erreicht ein Minimum für $u_G = u_{Gopt}$ nach Gl. (3.23). Sie beträgt

$$L_{1min} = 4 \cdot J_{II} \cdot \alpha_2^2 = 4 \cdot L_2 \tag{3.28}$$

In Bild 3.4 ist die bezogene dynamische Leistung in Abhängigkeit vom Getriebeumsetzfaktor dargestellt. Die Funktion verläuft im Bereich von $u_G = u_{Gopt}$ relativ flach. Für die praktische Festlegung des Getriebeumsetzfaktors kann ein Bereich von $1,5 \geq u_G/u_{Gopt} \geq 0,75$ genutzt werden.

Die Anlaufdauer t_b des Antriebes für einen Beschleunigungsvorgang

$$t_b = \int_0^{\omega_{1max}} \frac{J_{ges}}{m_{dyn}} d\omega_1 \tag{3.29}$$

ergibt sich mit J_{ges}=konst. und m_{dyn}=konst. für den Übergangsvorgang zu

$$t_b = J_{ges} \frac{\omega_{1max}}{m_{dyn}} \qquad (3.30)$$

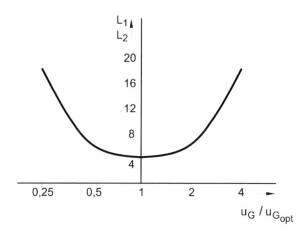

Bild 3.4 Bezogene dynamische Leistung als Funktion des bezogenen Umsetzfaktors

Beim erforderlichen dynamischen Moment zur Einhaltung einer bestimmten Zeit t_b ist für Beschleunigungs- und Bremsvorgänge der Leistungsfluss im Antrieb (Treiben und Bremsen) durch den Gesamtwirkungsgrad η_{ges} der mechanischen Umsetzeinheit zu berücksichtigen (vgl. Gl. (3.7) und (3.8)).

3.6 Dynamischer Kennwert

Zustellbewegungen zwischen zwei frei programmierbaren Punkten sind charakteristisch für technologische Prozesse der Gruppe II nach Tabelle 2.1. Als Zielfunktion der Stellbewegung gilt hier allgemein die Ausführung der Handhabung des Werkstückes in minimaler Zeit. Der Anteil der Beschleunigungs- und Bremsvorgänge an der Zykluszeit in Höhe von 45 % bis 65 % erlaubt aus thermischen Gründen nur ein dynamisches Moment M_{dyn} von etwa dem 1, 2 ... 1,5-fachen Nenndauerdrehmoment M_{dN} des Antriebes im gesamten Drehzahlbereich.

Als mechanische Umsetzeinheit eignen sich bei kurzen Verfahrwegen (Oszillierbewegungen beim Schleifen) Schraubtriebe und bei großen Verfahrwegen und Verfahrgeschwindigkeiten der Bandantrieb (vgl. Bild 3.2). Der Einfluss von Kenngrößen des Servoantriebes auf die minimale Stellzeit soll am Beispiel der Stückgutförderung an Umformmaschinen allgemeingültig dargestellt werden.

3.6 Dynamischer Kennwert

Entsprechend dem aus Bild 3.5 ersichtlichen Wirkprinzip müssen die Werkstücke in fester zeitlicher Zuordnung zur Stempelbewegung der Umformmaschine über den Weg s_{max} zu- bzw. abgeführt werden.

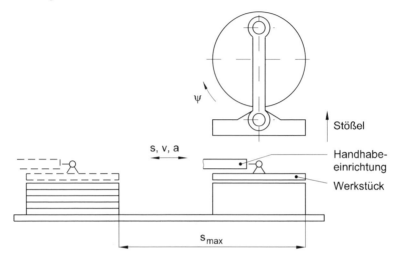

Bild 3.5 Prinzip der Werkstückhandhabung an einer Umformmaschine

Die dargestellte Handhabeeinrichtung dient der Zuführung des Werkstückes (Positionieren und Absenken im Zielpunkt). Mit einer im Bild 3.5 nicht dargestellten gleichartigen Anordnung rechts von der Umformmaschine wird das Werkstück nach dem Umformvorgang aus der Maschine entnommen.

Der zeitoptimale Bewegungsablauf der Handhabeeinrichtung bei langen Verfahrwegen ist in Bild 3.6 dargestellt. Es wird ein Bandantrieb eingesetzt.

Der optimale Zustand ist an folgende Bedingungen gebunden:

- Umsetzfaktor des Getriebes u_G gemäß mechanischer Anpassung nach Gl. (3.23)
- symmetrische Aufteilung des Bewegungsablaufes (Trapezbetrieb):

$$t_b = t_k = \frac{t_v}{3} \tag{3.31}$$

Bei kurzen Verfahrwegen entfällt die Zeit t_k, d. h. $t_b = \frac{t_v}{2}$. Diese Betriebsart nennt sich Dreieckbetrieb.

Für die optimale Zykluszeit bei Trapezbetrieb gilt nach /3.5/:

$$t_{zopt} = \sqrt[4]{\frac{K_1 \cdot J_{11} \cdot J_1 \cdot s_{max}^2}{M_{dN}^2 \cdot r_A^2}} \tag{3.32}$$

Dabei ergibt sich entsprechend Bild 3.2:

$$J_{II} = J_A + \left(\frac{r_A}{r_u}\right)^2 \cdot J_u + m_s r_A^2 + J_2 \qquad (3.33)$$

und

$$J_I = J_M + J_1 \qquad (3.34)$$

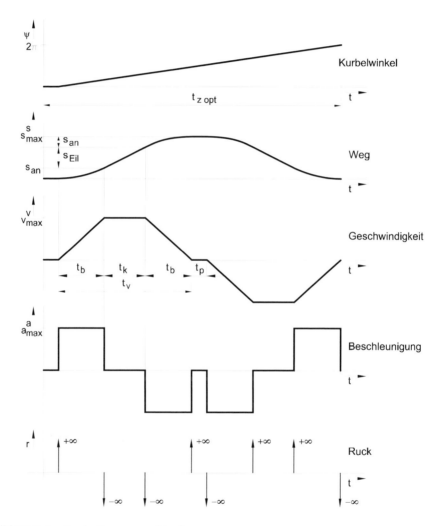

Bild 3.6 Zeitoptimaler Bewegungsablauf

3.6 Dynamischer Kennwert

Die Konstante K_1 berücksichtigt neben dem Umsetzfaktor des Bandantriebes auch die Pausenzeit t_p und den Faktor M_{dyn}/M_{dN}. Bei vernachlässigbarem Reibmoment des Bandantriebes gilt nach Bild 3.6 bei $t_p=0$ für das dynamische Moment:

$$m_{dyn} = \sqrt{\frac{3}{2}} M_{dN} = 1{,}22\, M_{dN} \tag{3.35}$$

Aus Gl. (3.32) wird deutlich, dass bei optimaler Auslegung des mechanischen Übertragungssystems gemäß Gl. (3.23) und gegebenem Verfahrweg s_{max} eine weitere Verringerung der Zykluszeit nur durch Erhöhung des dynamischen Kennwertes

$$C_{dyn} = \frac{M_{dN}^2}{J_M} \tag{3.36}$$

des Servomotors möglich ist.

M_{dN} Dauerdrehmoment des stromrichtergespeisten Servomotors

J_M Trägheitsmoment des Servomotors einschließlich Haltebremse und Messsystemen

Dieser Kennwert ist bei reinen Beschleunigungsantrieben, wie an Handhabeeinrichtungen, Nibbel-, Schleif- und Leiterplattenbohrmaschinen, von entscheidender Bedeutung für die mit der Servoantriebstechnik erreichbaren Leistungskennwerte.

Die Zeitverläufe $v(t)$ und $a(t)$ für eine zeitoptimale Bewegung gemäß Bild 3.6 enthalten lineare Bereiche und scharfe Abknickungen sowie einen unendlichen Ruck. Daraus resultieren vielfältige Möglichkeiten der Schwingungsanregung des zu bewegenden mechanischen Systems einschließlich Werkstück.

Mit ruckoptimalen und sinoidischen Funktionen für $a(t)$ und $v(t)$ lassen sich ähnliche kinetostatische Kennwerte wie bei der zeitoptimalen Funktion erreichen /3.6/. Die daraus resultierende Erhöhung der optimalen Zykluszeit liegt bei ca. 3 % für beschleunigungsoptimale Sinoide und bei ca. 5 % für die Sinoide von Bestehorn /3.7/.

Für das dynamische Moment des Antriebes gilt dann mit den für Gl. (3.35) formulierten Randbedingungen:

- $m_{dyn} = 1{,}66\, M_{dN}$ für beschleunigungsoptimal geneigte Sinoide,
- $m_{dyn} = 1{,}73\, M_{dN}$ für Sinoide von Bestehorn.

Das dynamische Moment befindet sich damit auch weiterhin innerhalb des Bereiches 2 des Drehzahl-Drehmoment-Kennlinienfeldes nach Bild 2.1, zumal die Maxima des Beschleunigungsmomentes bei $n/n_{max} = 0{,}4 \ldots 0{,}5$ liegen.

Die Realisierung dieser in Bild 3.7 dargestellten Bewegungsabläufe setzt jedoch voraus, dass die Steuer- und Regeleinrichtung des Servoantriebes eine gezielte Beschleunigungsführung über das Drehmoment ermöglicht. Grundvoraussetzung ist die Möglichkeit einer getrennten Steuerung bzw. Regelung von Drehmoment (Motorstrom) und Geschwindigkeit (Drehzahl). Die bei Bahnsteuerungen bewährte Kaskadenregelung ist auch hier einsetzbar, wenn eine externe Zugriffsmöglichkeit zum unterlagerten Stromregelkreis besteht.

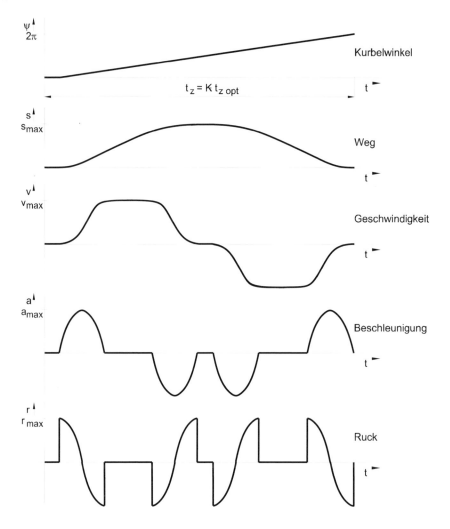

Bild 3.7 Bewegungsablauf mit sinoidischen Funktionen

Mit zwei Beispielen sollen die Berechnungen der von Servoantrieben geforderten Parameter bei den unterschiedlichen technologischen Prozessen der Gruppen I und II (vergl. Kapitel 2) verdeutlicht werden. Wesentliche Beziehungen und Zusammenhänge zur Bestimmung der Parameter sind aus Bild 3.2 ersichtlich.

Beispiel 3.1 Vorschubachse

- Schlittenmasse mit Werkstückgewicht: $m_s = 1100$ kg
  maximale Bearbeitungslänge: $l = 1,2$ m
  Eilganggeschwindigkeit beim Positionieren: $v_{Eil} = \pm 24$ m/min
  Beschleunigungszeit von Stillstand auf Eilgang: $t_b = 100$ ms
- Schraubtrieb mit
  - Spindelsteigung $h = 10$ mm
  - Spindellänge $l_{sp} = 1,4$ m
  - Spindeldurchmesser $d_{sp} = 40$ mm
  - Wirkungsgrad $\eta_{sp} = 0,95$
- Zahnriemengetriebestufe mit
  - Umsetzfaktor $u_G = 0,82$
  - Wirkungsgrad $\eta_G = 0,97$
  - Trägheitsmoment Ritzel Welle I $J_1 = 4 \cdot 10^{-4}$ kgm²
  - Trägheitsmoment Ritzel Welle II $J_2 = 9 \cdot 10^{-4}$ kgm²

Die Bearbeitung erfolgt im Vorschubgeschwindigkeitsbereich von $v_v = 0$ bis ± 10 m/min. Für die Bearbeitung eines Werkstückes (Fräsen und Bohren) gilt folgendes zyklisches Lastspiel für die Vorschubkraft F_V (Tabelle 3.3): In der Vorschubkraft ist die Reibkraft am Schlitten enthalten (s. Gl. (3.5) und (3.6)).

Tabelle 3.3 Zyklisches Belastungsspiel der Vorschubachse

Bearbeitungszeit Δt in s	Vorschubkraft F_v in N	Bemerkung
50	10000	Fräsen
10	14000	Bohren
30	8000	Fräsen
5	4000	Bohren
35	9000	Fräsen
15	12000	Fräsen
35	3000	Halten der Achse im Stillstand

Berechnen Sie:

1. den Effektivwert der Vorschubkraft F_{veff} für dieses Lastspiel,
2. das für die Bearbeitung erforderliche effektive Motormoment M_{veff},
3. die für die Eilgangsgeschwindigkeit erforderliche maximale Motordrehzahl n_{max},
4. die erforderliche maximale Winkelbeschleunigung der Motorwelle zur Beschleunigung des Schlittens in $t_b = 100$ ms auf Eilganggeschwindigkeit,
5. das auf die Motorwelle (Welle I) umgerechnete Lastträgheitsmoment J'_{II},
6. das vom Motor aufzubringende maximale Motormoment M_{max} zur Beschleunigung des Schlittens in $t_b = 100$ ms auf Eilganggeschwindigkeit für den Fall dynamischer Anpassung nach Gl. (3.23) und
7. die erforderliche Überlastbarkeit des Antriebes, bezogen auf das Effektivmoment M_{veff}.

Beispiel 3.2 Zuführeinrichtung für eine Umformmaschine

Die Teilezuführung an einer Umformmaschine erfolgt über einen Bandantrieb (siehe Bild 3.2). Das Prinzip der Teilezuführung ist aus Bild 3.5 ersichtlich. Für die zeitoptimale Bewegungsfunktion in Abhängigkeit des Kurbelwinkels der Maschine gelten die zeitlichen Verläufe für Weg, Geschwindigkeit und Beschleunigung entsprechend Bild 3.6. Der Antrieb ist wie folgt aufgebaut:

- Bandtrieb mit einer Umlenkrolle:
  Schlitten mit Handhabemasse $m_s = 90$ kg
  Verfahrweg des Schlittens $s_{max} = 2$ m
  Maximalgeschwindigkeit des Schlittens $v_{max} = 300$ m/min
  Maximalbeschleunigung des Schlittens $a_{max} = 25$ m/s²
  Halt der Zuführeinrichtung an den Endpunkten $t_p = 0{,}5$ s
  Radius des Antriebsrades $r_A = 0{,}2$ m
  Trägheitsmoment des Antriebsrades $J_A = 0{,}1956$ kgm²
  Radius der Umlenkrolle $r_u = 0{,}15$ m
  Trägheitsmoment der Umlenkrolle $J_u = 0{,}078$ kgm²
  Wirkungsgrad des Bandtriebes $\eta_B = 0{,}95$
- Planetengetriebe zwischen Antriebsrad und Motorwelle:
  Umsetzfaktor $u_G = 0{,}055$
  Wirkungsgrad $\eta_G = 0{,}9$
  Trägheitsmoment, bezogen auf die Eingangswelle
  (Welle I) $J_G = 0{,}072$ kg m²

Berechnen Sie:
1. das auf die Motorwelle bezogene Lastträgheitsmoment J'_{II},
2. die erforderliche Maximaldrehzahl des Antriebes,
3. die Parameter t_b, t_k, s_{an}, s_{Eil} und die Zykluszeit t_z des zeitoptimalen Bewegungsablaufes,
4. die erforderliche maximale Winkelbeschleunigung der Motorwelle,
5. das dynamische Moment unter der Annahme dynamischer Anpassung nach Gl. (3.23),
6. das maximale Motormoment für die Beschleunigung und Bremsung des Schlittens und
7. das aus diesen Drehmomenten resultierende effektive Motormoment.

4 Gleichstromservoantriebe

Der drehzahlgeregelte Gleichstromservoantrieb besteht aus einem permanenterregten Servomotor und dem leistungselektronischen Stellglied mit Regeleinrichtung für Strom und Drehzahl (Bild 4.1). Der Stromrichter wird aus dem ein- bzw. dreiphasigen Eingangsnetz gespeist. Zur Anpassung der Ausgangsspannung des Stromrichters an die maximal zulässige Ankerspannung des Gleichstromservomotors (Kommutierungsprobleme, Bürstenfeuer) ist überwiegend ein Transformator zwischen Eingangsnetz und Stromrichter erforderlich. Dieser wird meist als Spartransformator ohne Potentialtrennung ausgeführt.

Das Verbindungsglied zwischen dem Leistungsteil des Stromrichters und der Regeleinrichtung bildet die Stromrichterelektronik. Eingangsgröße ist die Steuerspannung U_{St} und Ausgangsgrößen sind die Zündimpulse des netzgeführten Thyristorstromrichters (Bild 4.3) bzw. die PWM-Ansteuersignale für den selbstgeführten Pulssteller (Bild 4.4).

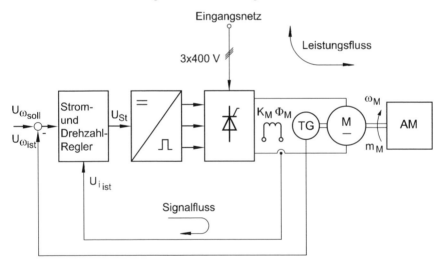

Bild 4.1 Struktur des Gleichstromservoantriebes

Als Messgrößen für die Regelkreise dienen eine dem Ankerstrom proportionale Spannung $U_{i\,ist}$ und die drehzahlproportionale Tachospannung $U_{\omega\,ist}$ bzw. bei digitaler Regelung ein Impulsgeber, der gleichzeitig auch als Lagemessglied benutzt werden kann.

4.1 Gleichstromstellmotoren

Das für Servoantriebe erforderliche Drehzahl-Drehmoment-Kennlinienfeld gemäß Bild 2.1 erfordert in Verbindung mit dem Wunsch nach einem kleinen Läuferträgheitsmoment spezielle Motorkonstruktionen. Auch die Forderungen nach einem hohen Schutzgrad (IP54) in unbelüfteter Ausführung beeinflussen die konstruktive Ausführung. Die von der Anwendungsbreite wichtigsten Konstruktionsformen sind in Bild 4.2 im Prinzip dargestellt.

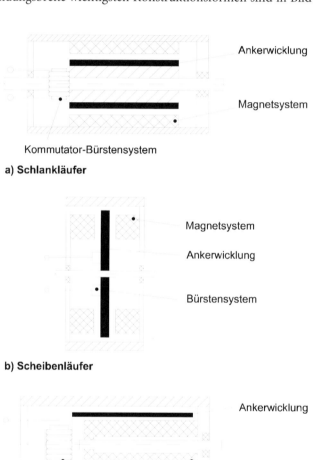

Bild 4.2 Konstruktive Ausführung von Gleichstromservomotoren

Schlankläufer (Bild 4.2a)

Durch ein großes Länge-Durchmesser-Verhältnis ($L/d=2...5$) wird ein relativ kleines Läuferträgheitsmoment erreicht. Das Permanentmagnetsystem befindet sich im Ständer. Durch verschiedene Verfahren zur Flusskonzentration (/4.1/, /4.2/) wird eine große Luftspaltinduktion erzielt, was zu kleinerem Bauvolumen führt. Der Läufer ist geblecht und damit thermisch und mechanisch robust. Die Ankerwicklung ist in Nuten untergebracht. Eine gezielte Nutschrägung unterdrückt weitgehend so genannte Rastmomente, die durch magnetische Vorzugslagen verursacht werden.

Scheibenläufer (Bild 4.2b)

Die Läuferwicklung besteht aus Kupferfolie, die beiderseits auf eine dünne Isolierschicht aufgeklebt ist. Die Bürsten gleiten direkt auf den Leiterzügen. Das Läuferträgheitsmoment ist sehr niedrig, jedoch ist der Läufer thermisch nicht sehr robust und auch mechanisch bei größeren Baugrößen problematisch. Das Magnetsystem ist ringförmig auf den Lagerschilden angeordnet.

Glockenläufer (Bild 4.2c)

Die Läuferwicklung ist als freitragender Hohlzylinder gewickelt, durch Kunstharz mechanisch stabilisiert und mit dem Kommutator auf der Welle befestigt. Das Magnetsystem befindet sich innerhalb des Hohlzylinders. Es kann jedoch auch außen im Stator angeordnet werden, wobei dann ein fest stehender Rückschluss innerhalb des Hohlzylinders erforderlich ist. Der Läufer besitzt ein äußerst kleines Trägheitsmoment, ist aber mechanisch nicht sehr stabil und damit nur für kleine Drehmomente ausführbar. Auch die thermische Robustheit ist gering.

Während Scheiben- und Glockenläufer nur in Verbindung mit trägheitsarmen Lasten im Bereich kleiner Drehmomente (< 10 Nm) sehr große Beschleunigungen des mechanischen Systems entsprechend Anforderungsgruppe II (Tabelle 2.1) erlauben, ist der eisenbehaftete Schlankläufer praktisch für den gesamten notwendigen Leistungsbereich (Gruppe I und Gruppe II) einsetzbar. Die weiteren Ausführungen zum Gleichstromservoantrieb beziehen sich deshalb ausschließlich auf Antriebe mit Schlankläufermotoren.

An die Stellmotoren sind einsatzspezifisch verschiedene Komplettierungsbaugruppen ein- und anbaubar. Üblicherweise sind dies: Haltebremse nach dem Ruhestromprinzip auf der D-Seite, Aufstecktacho auf der N-Seite, Resolver mit Messgetriebe auf der N-Seite eingebaut oder Anbau eines Impulsgebers sowie Kaltleiterfühler für thermischen Motorschutz /4.2/.

Durch Anbau eines Planetengetriebes an die D-Seite des Motors können für Stellbewegungen geringer Drehzahl sehr große Drehmomente bereitgestellt werden. Diese Getriebe-Motor-Kombinationen stellen eine konstruktiv sehr komplexe Lösung dar.

4.2 Leistungselektronisches Stellglied

Die erreichbaren Drehzahl-Drehmoment-Kennlinien des Servoantriebes werden maßgeblich vom leistungselektronischen Stellglied beeinflusst. Zum Stellglied gehören der Leistungsteil (Stromrichter) und die stromrichternahe Elektronik. Eingangsgröße ist die Steuerspannung U_{St} (siehe Bild 4.1). Der 4-Quadranten-Betrieb des Stellmotors erfordert beide Stromrichtungen in freier Zuordnung zur Gleichspannung U_d, so dass nur Umkehrstromrichter einsetzbar sind. Da die Dynamik des Stellgliedes einen großen Einfluss auf die Antriebskenngrößen besitzt, kommen nur höherpulsige, netzgeführte Stromrichter mit Phasenanschnittsteuerung über den Zündwinkel α und 4-Quadranten-Pulssteller in Frage.

4.2.1 Thyristorumkehrstromrichter

Die gebräuchlichste Schaltung eines Thyristorumkehrstromrichters ist die Antiparallelschaltung von zwei vollgesteuerten B6-Schaltungen (Bild 4.3).

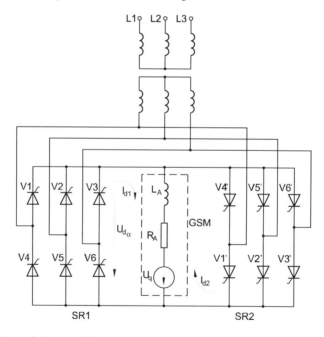

Bild 4.3 Thyristorumkehrstromrichter

4.2 Leistungselektronisches Stellglied

Ein spezielles Ansteuerverfahren der beiden antiparallel geschalteten Stromrichter SR1 und SR2 erlaubt den kreisstromfreien Betrieb des Umkehrstromrichters mit einer minimalen Totzeit $T_t = 1{,}6$ ms bei Wechsel der Stromrichtung (Übergang von I_{d1} zu I_{d2} und umgekehrt) /4.3/. Bei geringen dynamischen Anforderungen werden auch Antiparallelschaltungen von zwei vollgesteuerten B2-Schaltungen verwendet.

Bei nicht lückendem Ankerstrom gilt für den Mittelwert der Ausgangsspannung beim Zündwinkel α der Teilstromrichter SR1 oder SR2:

$$U_d = U_{d\alpha} \cdot \cos\alpha \tag{4.1}$$

Der Verstärkungsfaktor des Stromrichters K_{SR} ist entsprechend Gl. (4.1) arbeitspunktabhängig.

4.2.2 Transistorpulssteller

Der 4-Quadranten-Pulssteller gemäß Bild 4.4 mit Zweipunktverhalten besitzt gegenüber dem Thyristorumkehrstromrichter eine höhere Dynamik /4.4/.

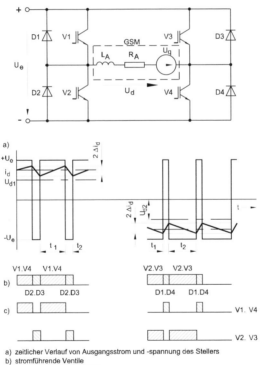

a) zeitlicher Verlauf von Ausgangsstrom und -spannung des Stellers
b) stromführende Ventile
c) Steuerimpulse für die IGBT

Bild 4.4 4-Quadranten-Pulssteller mit Zweipunktsteuerung

Die IGBT des Pulsstellers werden stets so angesteuert, dass am Ankerkreis die volle Eingangsspannung U_e in der einen oder anderen Polarität anliegt (Bild 4.4a). Der Mittelwert der Ausgangsspannung beträgt

$$U_d = U_e \frac{t_1 - t_2}{t_1 + t_2} = U_e \frac{t_1 - t_2}{T_P} \qquad (4.2)$$

und kann mit $T_P = t_1 + t_2$ durch Verändern des Verhältnisses t_1/t_2 im Bereich $-U_e \leq U_d \leq U_e$ gestellt werden. Bild 4.4b gibt die stromführenden Ventile für zwei verschiedene Mittelwerte von U_d an. Um eine beliebige Zuordnung von Strom und Spannung zu gewährleisten, müssen die IGBT stets nach dem in Bild 4.4c dargestellten Regime angesteuert werden. Wenn die Dioden den Strom führen, wird Energie in das Eingangsnetz U_e zurückgespeist.

Die übliche Ausführung der Eingangsspannungsquelle U_e (Gleichspannungszwischenkreis) zeigt Bild 4.5.

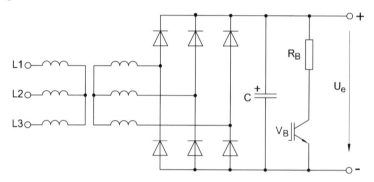

Bild 4.5 Gleichspannungserzeugung aus dem Dreiphasennetz mit Bremschopper

Der Kondensator C dient als Speicher für die impulsmäßige Bereitstellung des Ankerstromes bzw. zur begrenzten Aufnahme von Energie während der Leitdauer der Dioden D1 bis D4. Überschreitet die Spannung U_e am Kondensator beim elektrischen Bremsen des Stellmotors einen für die IGBT V1 bis V4 zulässigen Wert, so wird diese Bremsenergie am Bremswiderstand R_B in Wärme umgesetzt. Die Einschaltung von R_B erfolgt spannungsabhängig durch den IGBT V_B (Bremschopper). Eine Rückspeisung der anfallenden Bremsenergie in das Drehstromnetz würde einen Umkehrstromrichter anstelle der Diodenbrücke erfordern. Dazu folgen detaillierte Ausführungen unter Abschnitt 5.2.2. Durch Anwendung anderer Pulssteuerverfahren wie

- Pulssteuerung mit Dreipunktverhalten ($+U_e$; 0; $-U_e$),
- zeitversetzte Pulsung mehrerer Pulssteller an einem Eingangsnetz

kann die Energierückspeisung und damit der Energieumsatz an R_B minimiert werden /4.5/.

4.3 Übertragungsverhalten des drehzahlgeregelten Antriebes

Aus Bild 4.6 ist die Kaskadenstruktur des Drehzahlregelkreises mit unterlagerter Regelung des Ankerstromes des Gleichstrommotors ersichtlich.

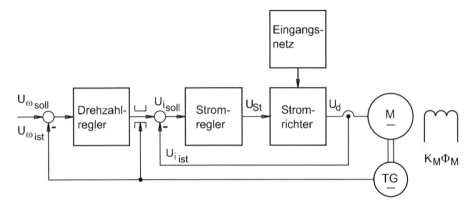

Bild 4.6 Blockschaltbild der Drehzahlregelung mit unterlagerter Stromregelung

Die Regelstrecke ist die stromrichtergespeiste Gleichstrommaschine. Das Übertragungsverhalten des Stromrichters wird durch die verwendete Schaltung bestimmt. Das Abtastverhalten des Stellgliedes kann näherungsweise durch ein Verzögerungsglied 1. Ordnung beschrieben werden. Die Übertragungsfunktion lautet:

$$G_{SR} = \frac{K_{SR}}{1 + s\tau_{SR}} \tag{4.3}$$

Dabei sind τ_{SR} die Zeitkonstante und

$$K_{SR} = \frac{\Delta U_d}{\Delta U_{St}} \tag{4.4}$$

der Übertragungsfaktor des Stromrichters.

Der Übertragungsfaktor ist bei Thyristorstromrichtern abhängig vom Zündwinkel α

$$K_{SR} = f(\alpha) \tag{4.5}$$

und beim Pulssteller konstant.

Für die Zeitkonstante τ_{SR} gilt:

$$\tau_{SR} = \frac{T_P}{2} = \frac{1}{2 \cdot f_{Netz} \cdot p} \quad \text{für} \tag{4.6}$$

Thyristorstromrichter (p Pulszahl; f_Netz Frequenz des speisenden Netzes) und

$$\tau_\text{SR} = \frac{T_\text{p}}{2} = \frac{1}{2f_\text{p}} \text{ bei} \tag{4.7}$$

Pulsstellerschaltungen (f_p Pulsfrequenz).

Unter der Annahme, dass die Ankerkreisinduktivität L_A und die Maschinenkonstante $K_\text{M}\Phi_\text{M}$ im statischen und dynamischen Betrieb konstant sind und die angekuppelte Last als starre Einheit mit den auf die Motorwelle bezogenen Parametern Widerstandsmoment m_v und Gesamtträgheitsmoment J_ges betrachtet werden kann, wird das Verhalten über das bekannte Gleichungssystem beschrieben. Das Ersatzschaltbild der Regelstrecke ist in Bild 4.7 dargestellt.

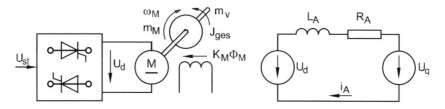

Bild 4.7 Ersatzschaltbild für stromrichtergespeiste Gleichstrommotoren

$$U_\text{d} = i_\text{A} \cdot R_\text{A} + L_\text{A} \frac{di_\text{A}}{dt} + U_\text{q} \tag{4.8}$$

$$m_\text{M} = K_\text{M} \cdot \Phi_\text{M} \cdot i_\text{A} \tag{4.9}$$

$$m_\text{M} = m_\text{v} + m_\text{dyn} = m_\text{v} + J_\text{ges} \frac{d\omega_\text{M}}{dt} \tag{4.10}$$

$$U_\text{q} = K_\text{M} \cdot \Phi_\text{M} \cdot \omega_\text{M} \tag{4.11}$$

Nach Transformation in den Bildbereich ($\frac{d}{dt} \to s$) folgt für die Regelstrecke der aus Bild 4.8 ersichtliche Signalflussplan, auf den das Prinzip der Kaskadenregelung angewendet wird. Wichtig ist die Kenntnis der Streckenparameter:

- Ankerkreiszeitkonstante (elektrische Zeitkonstante)

$$\tau_\text{A} = \frac{L_\text{A}}{R_\text{A}} \tag{4.12}$$

- Ankerkreisinduktivität L_A
- Ankerkreiswiderstand R_A
- elektromechanische Zeitkonstante

$$\tau_\text{M} = J_\text{ges} \frac{R_\text{A}}{(K_\text{M} \cdot \Phi_\text{M})^2} \tag{4.13}$$

- Drehmomentkonstante $k_m = K_\text{M} \cdot \Phi_\text{M}$

4.3 Übertragungsverhalten des drehzahlgeregelten Antriebes

- Übertragungsfaktor des Stromrichters K_{SR} nach Gl. (4.4)
- Stromrichterzeitkonstante τ_{SR} nach Gl. (4.6) bzw. (4.7)

sowie die Werte der Übertragungsfaktoren des Strommessgliedes K_i und des Tachogenerators K_T mit den Filterzeitkonstanten τ_{fi} bzw. τ_{fT}.

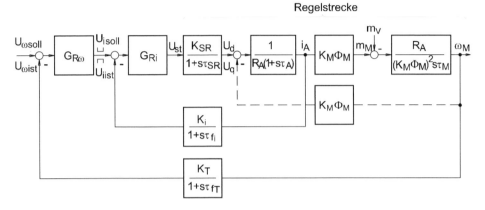

Bild 4.8 Signalflussplan des drehzahlgeregelten Gleichstromservomotors

Die Regelstrecke besitzt zwei große Zeitkonstanten τ_A und τ_M. Diese werden in den zwei Regelkreisen kompensiert.

Der Signalflussplan kann in geeigneter Form umgewandelt werden, wobei die Rückführung der Motorgegenspannung U_q vernachlässigt werden kann. Dies ist zulässig, da im Allgemeinen $\tau_M > 4\tau_A$ gilt. Weiterhin wird die Stromrichterzeitkonstante mit der Filterzeitkonstanten τ_{fi} des Strommessgliedes zu einer Summenzeitkonstante

$$\tau_{\Sigma i} = \tau_{SR} + \tau_{fi} \tag{4.14}$$

zusammengefasst (vergl. Bild 4.9).

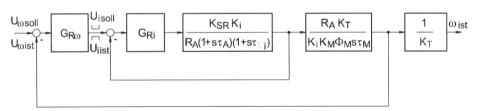

Bild 4.9 Vereinfachter Signalflussplan des drehzahlgeregelten Gleichstromservoantriebes

Der PI-Regler des Stromregelkreises wird nach dem Betragsoptimum eingestellt (vergl. Bild 1.5).

$$G_{Ri} = \frac{1+sT_{1i}}{sT_{0i}} \text{ mit} \tag{4.15}$$

$T_{1i} = \tau_A$ und (4.16)

$$T_{oi} = 2\tau_{\Sigma i} \cdot \frac{K_{SR} \cdot K_i}{R_A}$$ (4.17)

Damit ergibt sich als Führungsübertragungsfunktion für den geschlossenen Stromregelkreis in Näherung ein PT_1-Verhalten mit der Zeitkonstante $2 \cdot \tau_{\Sigma i}$.

$$G_{wi} \approx \frac{1}{1 + s \cdot 2\tau_{\Sigma i}}$$ (4.18)

Der überlagerte Drehzahlregelkreis mit einem PI-Regler wird nach dem symmetrischen Optimum eingestellt (Bild 1.5).

$$G_{R\omega} = \frac{1 + sT_{1\omega}}{sT_{0\omega}} \text{ mit}$$ (4.19)

$T_{1\omega} = 4 \cdot \tau_{\Sigma\omega}$ und (4.20)

$$T_{0\omega} = 8 \frac{\tau_{\Sigma\omega}^2}{\tau_M} \cdot \frac{R_A \cdot K_T}{K_i \cdot K_M \cdot \Phi_M}$$ (4.21)

Für die Summenzeitkonstante $\tau_{\Sigma\omega}$ gilt:

$\tau_{\Sigma\omega} = 2\tau_{\Sigma i} + \tau_{fT}$ (4.22)

Als Führungsübertragungsfunktion ergibt sich

$$G_{w\omega} = \frac{1 + s4\tau_{\Sigma\omega}}{1 + s4\tau_{\Sigma\omega} + s^2 8\tau_{\Sigma\omega}^2 + s^3 8\tau_{\Sigma\omega}^3}$$ (4.23)

Diese kann nach /4.6/ durch ein Schwingungsglied genähert werden.

$$G_{w\omega} \approx \frac{1}{1 + s2D_A T_{0A} + s^2 T_{0A}^2}$$ (4.24)

Dabei gilt für $D_A = 0{,}5 \ldots 0{,}6$ und

$$T_{0A} = \frac{3{,}1\tau_{\Sigma\omega}\sqrt{1 - D_A^2}}{\pi - \arccos D_A} = \frac{1}{\omega_{0A}}$$ (4.25)

Betrachtet man die Sprungantworten in beiden Regelschleifen, wobei die Sprunghöhe so gewählt wird, dass keinerlei Begrenzungen im System erreicht werden, so ergibt sich beim betragsoptimal eingestellten Stromregelkreis eine Überschwingweite von $h_ü = 4{,}3\,\%$. Damit ist es möglich, durch den Stromregelkreis gewisse Schutzfunktionen (Begrenzung des Ankerstromes und Drehmomentes) zu realisieren.

Im Drehzahlregelkreis ergibt sich beim Führungsgrößensprung ein Überschwingen von $h_ü = 43\,\%$. Ein Kompromiss aus hoher Führungsdynamik und schneller Störgrößenausre-

4.3 Übertragungsverhalten des drehzahlgeregelten Antriebes

gelung wird erreicht, wenn die Führungsgröße als Anstiegsfunktion vorgegeben wird. Dies entspricht auch der Realität, da durch Begrenzung des dynamischen Momentes eine sprunghafte Drehzahländerung nicht möglich ist. Diese Anstiegsfunktion für die Sollgeschwindigkeit wird meist schon durch den übergeordneten Lageregelkreis vorgegeben (vergl. Abschnitt 6.1).

Aus der Führungsübertragungsfunktion des geschlossenen Drehzahlregelkreises (Gleichungen (4.24) und (4.25)) ist ersichtlich, dass die erreichbare Dynamik nur noch von der Summenzeitkonstante $\tau_{\Sigma\omega}$ gemäß Gl. (4.22) (Stromrichterzeitkonstante, Filter) abhängt.

Beispiel 4.1

Ein Gleichstromservoantrieb besteht aus folgenden Komponenten:

- Gleichstromstellmotor mit Tachogenerator
  - Dauerdrehmoment $M_{dN}=14$ Nm
  - Nenndrehzahl $n_N=750$ min^{-1}
  - Nennstrom $I_{dN}=28$ A;
  - Nennspannung $U_N=44$ V
  - Maximalstrom $I_{dmax}=60$ A im Drehzahlbereich $0 \leq n \leq n_N$
  - Maximaldrehzahl $n_{max}=3000$ min^{-1}
  - Maximalspannung $U_{max}=150$ V
  - Tachospannung $U_T=20$ V bei 1000 min^{-1}
  - Filterzeitkonstante $\tau_{ft}=1,2$ ms
  - Gesamtträgheitsmoment, bezogen auf die Motorwelle: $J_{ges}=0,03$ kgm²
- Thyristorumkehrstromrichter B6U mit Regeleinrichtung für Strom und Drehzahl und vorgeschaltetem Transformator Yy0; 400 V/230 V
  - Ausgangsspannung bei $\alpha = 0$ $U_{d0}=300$ V
  - Übertragungsfaktor bei $\alpha = 60°$ $K_{SR}=45$
  - Ankerkreiswiderstand: $R_A=1,5$ Ω
  - Ankerkreisinduktivität $L_A=40$ mH
  - Übertragungsfaktor Strommessglied $K_I=0,6$ V/A
  - Filterzeitkonstante Strommessglied $\tau_{fi}=1$ ms

Man bestimme die Parameter der PI-Regler bei Einstellung des Stromregelkreises nach dem Betragsoptimum und des Drehzahlregelkreises nach dem symmetrischen Optimum, die Anregelzeiten der Regelkreise und die Kennkreisfrequenz ω_{0A} des drehzahlgeregelten Antriebes.

5 Drehstromservoantriebe

Leistungsfähige Mikrocontroller bzw. DSP, hochauflösende Messsysteme und Pulswechselrichter erlauben die Steuerung von Asynchron- und Synchronmaschinen in der Art, dass eine Komponente des Ständerstromes direkt dem Drehmoment proportional ist. Mit dieser so genannten „feldorientierten Regelung" (FOR) werden Antriebsparameter erzielt, die vielfach besser als bei der klassischen Gleichstromantriebstechnik sind. Dies betrifft sowohl die typischen statischen und dynamischen Antriebsparameter (vergl. Kapitel 2) als auch solche Kenngrößen wie Leistungsdichte, Verfügbarkeit, Lebensdauer, Einsatzbedingungen und Kosten.

5.1 Raumvektordarstellung

Für die Herleitung der Steuerbedingungen zur feldorientierten Regelung von Drehfeldmaschinen (FOR) hat sich die Darstellung von Fluss-, Strom- und Spannungsvektoren (Raumvektoren) aus den Stranggrößen der dreiphasigen Drehstrommaschine bewährt /5.1/.

Die Erläuterung der mathematischen Methoden zur Raumvektordarstellung erfolgt hier nur beispielhaft mit dem Ziel, die Steuerbedingungen der FOR für Synchron- und Asynchronmaschinen aufzuzeigen.

Die elektrischen Größen Fluss, Strom, Spannung sind physikalisch-mathematisch skalare Größen. Ihre Richtung resultiert aus der Anordnung von Spulen im Raum. Betrachtet man die dreiphasige symmetrische elektrische Maschine, so ergibt sich folgendes Zeigerbild für die Wechselflüsse in den Strängen a, b und c (Bild 5.1).

Die Spulenachsen und damit die Wechselflüsse Φ_a, Φ_b und Φ_c liegen senkrecht zu den Spulenebenen. Den Spulenachsen werden weiterhin Einheitsvektoren zugeordnet.

$$|\vec{E}_a|=|\vec{E}_b|=|\vec{E}_c|=1 \tag{5.1}$$

Für den Raumvektor des Flusses gilt damit:

$$\vec{\Phi}(t)=\Phi_a(t)\cdot\vec{E}_a+\Phi_b(t)\vec{E}_b+\Phi_c(t)\cdot\vec{E}_c \tag{5.2}$$

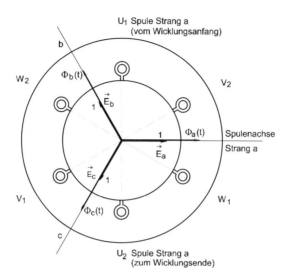

Bild 5.1 Zeigerbild der Strangwechselflüsse

Der Einheitsvektor $\vec{E}_a$ liegt in der positiven reellen Achse der komplexen Ebene, d. h., die positive reelle Achse ist die Spulenachse a. Damit sind die Einheitsvektoren bezüglich der komplexen Ebene beschreibbar (Bild 5.2).

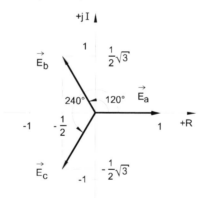

Bild 5.2 Zeigerbild der Einheitsvektoren

$$\vec{E}_a = 1 \cdot (1+j0) = 1 \cdot (\cos 0° + j \sin 0°) = 1 \cdot e^{j0°}$$
$$\vec{E}_b = 1 \cdot (-\frac{1}{2} + j\frac{\sqrt{3}}{2}) = 1 \cdot (\cos 120° + j \sin 120°) = 1 \cdot e^{j120°} \qquad (5.3)$$
$$\vec{E}_c = 1 \cdot (-\frac{1}{2} - j\frac{\sqrt{3}}{2}) = 1 \cdot (\cos 240° + j \sin 240°) = 1 \cdot e^{j240°}$$

5.1 Raumvektordarstellung

Unter Verwendung der Euler'schen Gleichung wird zur Vereinfachung der Operator a eingeführt.

$$\begin{aligned}\vec{E}_a &= e^{j0°} = a^0 = 1 \\ \vec{E}_b &= e^{j120°} = a^1 = -\frac{1}{2} + j\frac{\sqrt{3}}{2} \\ \vec{E}_c &= e^{j240°} = a^2 = -\frac{1}{2} - j\frac{\sqrt{3}}{2}\end{aligned} \tag{5.4}$$

Aus dem Raumvektor des Flusses wird unter Verwendung des Operators a damit:

$$\vec{\Phi}(t) = \Phi_a(t) + a \cdot \Phi_b(t) + a^2 \cdot \Phi_c(t) \tag{5.5}$$

Für die praktische Anwendung der Vektordarstellung ist eine Normierung des Raumvektors sinnvoll. Für das stationäre symmetrische Drehstromsystem mit

$$\begin{aligned}\Phi_a(t) &= \hat{\Phi}\sin(\omega t) \\ \Phi_b(t) &= \hat{\Phi}\sin(\omega t + 120°) \\ \Phi_c(t) &= \hat{\Phi}\sin(\omega t + 240°)\end{aligned} \tag{5.6}$$

ergibt sich für den Betrag des Raumvektors

$$\left|\vec{\Phi}(t)\right| = \left|\Phi_a(t) + a \cdot \Phi_b(t) + a^2 \Phi_c(t)\right| = \frac{3}{2}\hat{\Phi} \tag{5.7}$$

Die allgemein übliche Normierung des Raumvektors erfolgt auf den Spitzenwert $\hat{\Phi}$.

$$\vec{\Phi}(t) = \frac{2}{3}(\Phi_a(t) + a\Phi_b(t) + a^2\Phi_c(t)) \tag{5.8}$$

Analog zum Vektor des Magnetflusses ist der Vektor der Flussverkettungen

$$\vec{\Psi}(t) = N \cdot \Phi(t) \tag{5.9}$$

der Vektor der Strangspannung

$$\vec{u}(t) = \frac{2}{3}(u_a(t) + a \cdot u_b(t) + a^2 u_c(t)) \tag{5.10}$$

und der Vektor der Strangströme

$$\vec{i}(t) = \frac{2}{3}(i_a(t) + a \cdot i_b(t) + a^2 i_c(t)) \tag{5.11}$$

definierbar. Für die späteren Rechnungen ist die Zerlegung der Raumvektoren in Real- und Imaginärteil orthogonaler Koordinatensysteme in der Ebene sinnvoll. Das entspricht dem Übergang vom dreiphasigen System auf ein zweiphasiges System, d. h., die Beziehungen werden vergleichbar mit der Gleichstrommaschine. Ein Beispiel für den Stromvektor soll dies verdeutlichen:

$$\vec{i}(t) = i_R(t) + ji_I(t) \tag{5.12}$$

Nach Gl. (5.11) in Verbindung mit Gl. (5.4) ergibt sich für den Realteil:

$$\text{Re}\left\{\frac{2}{3}(i_a(t) + a \cdot i_b(t) + a^2 \cdot i_c(t))\right\} = \frac{2}{3}\left[i_a(t) - \frac{1}{2}i_b(t) - \frac{1}{2}i_c(t)\right] \tag{5.13}$$

und für den Imaginärteil:

$$i_I(t) = \frac{2}{3}\left[\frac{\sqrt{3}}{2}i_b(t) - \frac{\sqrt{3}}{2} \cdot i_c(t)\right] \tag{5.14}$$

Praktisch angewendet werden folgende orthogonalen Koordinatensysteme:

- ständerfestes Koordinatensystem (α, β)
- flussfestes Koordinatensystem (rotierend Park'sche Komponenten d, q)
- rotorfestes Koordinatensystem (rotierend x, y)

Die Umrechnung zwischen zwei Koordinatensystemen erfolgt allgemein über eine Drehtransformation um den Winkel $\gamma = \omega_k \cdot t$. Dies wird später noch bei der Betrachtung der feldorientierten Regelung gezeigt.

Beispiel 5.1

In einer dreisträngigen symmetrischen Asynchronmaschine gilt für die drei Strangwechselflüsse die Gl. (5.6).

$$\Phi_a(\omega t) = \hat{\Phi}\sin\omega t$$

$$\Phi_b(\omega t) = \hat{\Phi}\sin(\omega t + \frac{2\pi}{3})$$

$$\Phi_c(\omega t) = \hat{\Phi}\sin(\omega t + \frac{4\pi}{3})$$

Man bestimme die Augenblickswerte der drei Strangflüsse zum Zeitpunkt $\omega t_1 = \pi/4$ und den Betrag sowie die Phasenlage des Flussraumvektors. Zeichnen Sie das Zeigerbild der komplexen Vektoren für diesen Zeitpunkt im ständerfesten Koordinatensystem. Die Spulenachse des Stranges a der Ständerwicklung soll der α-Achse entsprechen ($\omega t_0 = 0$).

5.2 Drehstromservoantriebe mit Synchronmotoren

Wie bei Gleichstromservoantrieben ist es auch bei Drehstromservoantrieben sinnvoll, den Synchronmotor mit eingeprägtem Strom zu speisen und dementsprechend die Regeleinrichtung als Drehzahlregelung mit einer unterlagerten Stromregelung (Drehmomentregelung) auszuführen. Das Grundprinzip des Antriebes ist in Bild 5.3 dargestellt.

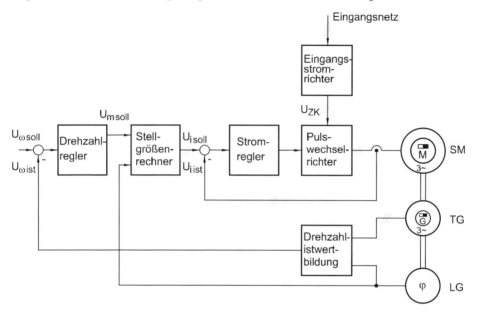

Bild 5.3 Struktur des Synchronservoantriebes

Der Leistungskreis des Antriebes besteht aus dem permanenterregten Synchronmotor und einem Pulswechselrichter. Der Eingangsstromrichter generiert aus dem dreiphasigen Eingangsnetz die konstante Zwischenkreisspannung U_{ZK} für den Wechselrichter. Er wird überwiegend als rückspeisefähiger Stromrichter konzipiert und stellt die Zwischenkreisspannung für mehrere Synchronservoantriebe bereit. In einfachen Anwendungsfällen ist der Eingangsstromrichter ungesteuert mit Bremschopper im Zwischenkreis ausgeführt (vgl. Bild 4.5).

Als Messgrößen für die Regelkreise dienen die Strangströme, die drehzahlproportionale Tachospannung (bürstenloser Tacho) und ein Polradlagegeber. Als gemeinsames Messsystem für Geschwindigkeit und Lage kann auch ein hochauflösender Impulsgeber verwendet werden. Damit entfällt dann das zweite Messsystem (z. B. Tacho). Im Gegensatz zum Gleichstromantrieb, bei dem die Ausgangsgröße des Drehzahlreglers den Sollwert für den unterlagerten Stromregelkreis darstellt, gibt hier der Drehzahlregler den Drehmomentsollwert vor. Mittels des Stellgrößenrechners wird daraus entsprechend der Polradlage der Stromsollwert für die feldorientierte Regelung (FOR) der Synchronmaschine gebildet. Neben diesem Prinzip mit sinusförmiger Stromeinprägung hat sich in der Praxis auch ein vereinfachtes Steuerverfahren mit rechteckförmiger Stromeinprägung (Elektronikmotor oder bürstenlose Gleichstrommaschine) bewährt (vergl. Abschnitt 5.2.5).

5.2.1 Synchronmotoren

Die Synchronmotoren werden grundsätzlich mit permanentmagnetischer Erregung ausgeführt. Von den vielen möglichen Bauarten und Ausführungsformen sollen hier die drei wichtigsten Motortypen der Servoantriebstechnik betrachtet werden. Für alle drei aus Bild 5.4 ersichtlichen Varianten lassen sich die gleichen Stromrichter und Regeleinrichtungen verwenden.

Schlankläufer mit Rechteckständer (Bild 5.4a)

Der Motor besitzt eine permanentmagnetische Erregung im Läufer. Der Einsatz hochwertiger Magnetwerkstoffe ermöglicht eine einfache Konstruktion des Polrades. Die Magnete sind entweder auf das Läuferpaket geklebt oder in Nuten untergebracht. Die Maschinen werden üblicherweise 6-polig oder 8-polig (Zp=3 oder 4) ausgeführt. Durch den kleinen Läuferdurchmesser wird das Motorträgheitsmoment J_M gering gehalten.

Im Ständer ist die dreisträngige Drehstromwicklung in Nuten untergebracht. Eine hohe Nutzahl ermöglicht die gleichmäßige Verteilung der Wicklung. Durch Nutschrägung werden die Rastmomente reduziert. Zunehmend werden auch konzentrierte Wicklungen in Zahlspulentechnik verwendet. Hier müssen die Rastmomente durch spezielle Gestaltung der Polschuhe und durch gezielte Sollwertaufschaltung (Vorsteuerung, vgl. Bild 5.20) verringert werden. Der Stellmotor kann mit guter Genauigkeit als Vollpolmaschine beschrieben werden.

Bei vergleichbarer Leistung sind die Hauptabmessungen des Synchronservomotors um ca. 1/3 kleiner als beim Gleichstrommotor. Neben dem für die FOR notwendigen Rotorlagegeber sind die gleichen Komplettierungsbaugruppen Haltebremse, Wegmesssystem und Kaltleiterfühler ein- bzw. anbaubar.

Torquemotoren (Bild 5.4b)

Neben den vollgeblechten Maschinen mit Rechteckständer (Bild 5.4a) werden auch sog. Torquemotoren eingesetzt. Diese Synchronmotoren besitzen einen großen Durchmesser mit sehr vielen Polpaaren Zp.

Die Torquemotoren mit außen angeordnetem Ständerpaket eignen sich besonders zur direkten Erzeugung von Drehbewegungen mit hoher Wiederhol- und Positioniergenauigkeit. Ein Haupteinsatzgebiet sind Rundtische (B-Achse) an Werkzeugmaschinen.

5.2 Drehstromservoantriebe mit Synchronmotoren

Die beiden separaten Baugruppen des Motors (Ständer und Läufer) sowie das Messsystem sind dabei integraler Bestandteil der Werkzeugmaschine (siehe Bild 6.17).

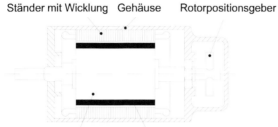

a) Schlankläufermotor mit Rechteckständer

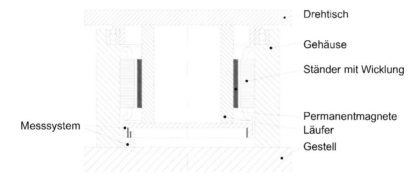

b) Torquemotor

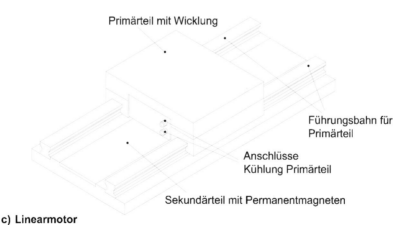

c) Linearmotor

Bild 5.4 Konstruktive Ausführung von Synchronservomotoren

Komplett-Torquemotoren in Flanschbauweise mit Hohlwelle eignen sich besonders als Direktantrieb an Bearbeitungs- und Produktionsmaschinen (Extruder, Wickelprozesse). Durch den Wegfall sonst notwendiger mechanischer Übertragungselemente kann der Torquemotor unmittelbar in die Maschine integriert werden.

In der Ausführung mit Außenläufer wird der Torquemotor als getriebeloser Aufzugsantrieb eingesetzt (siehe Bild 6.18).

Linearmotoren (Bild 5.4c)

Eine dritte Vorzugslösung stellen Synchronlinearmotoren (Bild 5.4c) mit gleicher elektrischer Auslegung wie rotierende Maschinen dar. Durch die direkte Erzeugung der translatorischen Bewegung entfallen die sonst üblichen Umsetzeinheiten (vergl. Bild 3.2) und es können deutlich höhere Beschleunigungswerte realisiert werden.

Verwendet werden so genannte Kurzstatormotoren. Sie besitzen ein kurzes Primärteil, über das die elektrische Energie zugeführt wird. Das Primärteil trägt die 3-strängige Wicklung, die in Nuten als verteilte Zweischichtwicklung untergebracht ist. Durch entsprechende Ansteuerung der drei Stränge entsteht ein magnetisches Wanderfeld. Dieses erzeugt zusammen mit dem Magnetfeld des Sekundärteiles die Vorschubkraft F_V.

Das Sekundärteil besteht aus einer Stahlplatte mit aufgeklebten Permanentmagneten. Die Länge des Sekundärteiles entspricht dem notwendigen Verfahrweg des mit dem Primärteil verbundenen Maschinenschlittens. Zur Reduzierung von Kraftschwankungen entlang des Verfahrweges werden entweder die Nuten des Primärteils geschrägt oder die Permanentmagneten schräg angeordnet.

Die Bereitstellung der konstanten Vorschubkraft F_V erfordert einen eng tolerierten Luftspalt (1...1,5 mm) zwischen Primär- und Sekundärteil. Dies muss durch die konstruktive Gestaltung der Führungsbahnen sichergestellt werden. Die Führungsbahnen geben die Bewegungsrichtung des Primärteiles vor und nehmen Querkräfte sowie die Anzugskräfte zwischen Primär- und Sekundärteil auf. Zur Erzielung einer hohen Positioniergenauigkeit wird der Linearmaßstab des Messsystems unmittelbar neben der Führungsbahn des Sekundärteiles angeordnet. Die Elektronik des Messsystems ist mit dem Primärteil bzw. dem Maschinenschlitten verbunden.

Da der Linearmotor direkt in die Maschine integriert ist, muss die Verlustwärme des Primärteiles durch Wasserkühlung über einen externen Kühler abgeführt werden. Unerwünschte Wärmedehnung von Maschinenteilen durch das Primärteil kann zu Ungenauigkeiten am Werkstück führen.

Nachteilig gegenüber rotatorischen Antrieben sind für den Anwender neben der aufwendigen Konstruktion der Führungsbahn auch die Schleppeinrichtung für die Versorgungskabel des Primärteiles (Leistungsanschluss, Messsystem, Kühlschläuche), notwendige

Abdeckvorrichtungen für Führungsbahnen und Magnetteil sowie mechanische Klemmvorrichtungen für die Bewegungsachse.

Linearmotoren werden vorteilhaft bei hochdynamischen Zuführeinrichtungen (z.B. Leiterplattenbestückungsautomaten) und Gantry-Antrieben (Portalantrieben) eingesetzt. Bezüglich weiterer detaillierter Angaben zu Synchronservomotoren sei auf die Darstellungen in /6.5/ verwiesen.

5.2.2 Leistungselektronisches Stellglied

5.2.2.1 Pulswechselrichter

Als Stellglieder werden indirekte Umrichter mit Gleichspannungszwischenkreis U_{ZK} verwendet (vergl. Bild 5.3).

Eingangsgrößen für den Pulswechselrichter sind die Ausgangsgrößen der Stromregler. Ausgangsgrößen des Wechselrichters sind die Ständerspannungen der Synchronmaschine zur Einprägung der sinusförmigen Ständerströme. Zur sinusförmigen Stromeinprägung werden Modulationsverfahren (z. B. Sinus-Dreieckmodulation) oder Zweipunktregler verwendet. Die Zweipunktregelung ist schaltungstechnisch einfach realisierbar und besitzt die höchstmögliche Dynamik. Die Pulsfrequenz variiert aber in einem großen Frequenzbereich, was gleichbedeutend mit einer variablen Tastzeit des Reglers ist. Daraus ergeben sich Probleme bei der Optimierung des überlagerten Drehzahlregelkreises /5.2/.

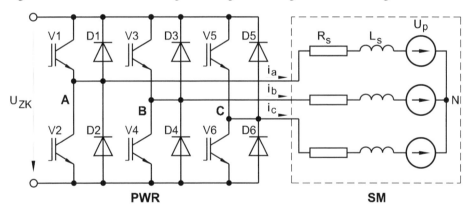

Bild 5.5 Pulswechselrichter mit Synchronmaschine

Modulationsverfahren sind nur in analoger Schaltungstechnik ausführbar. Sie haben den Vorteil, mit einer relativ geringen Stromschwankungsbreite bei einer konstanten und relativ niedrigen Pulsfrequenz ($fp \approx 5$ kHz) zu arbeiten. Vergleichende Untersuchungen von Strangstromregelungen mit Zweipunktregler bzw. linearen Reglern und Sinus-Dreieck-Abtastung in /5.3/ zeigten, dass bei Modulationsverfahren die Vorteile (konstante Pulsfrequenz, kleinere Stromschwankungsbreite, einfache Optimierung und Beschreibbarkeit bezüglich des Verhaltens im Drehzahlregelkreis) gegenüber dem Nachteil einer geringfügig schlechteren Dynamik überwiegen.

Bei durchgängig digitaler Signalverarbeitung hat sich die Raumzeigermodulation /5.4/ bewährt. Diese wird auch bei dem im Abschnitt 5.2.4 beschriebenen vorteilhaften Regelkonzept verwendet. Bei der Raumzeigermodulation erfolgt die Ansteuerung der IGBT V1 bis V6 des Pulswechselrichters (Bild 5.5) mit PWM-Signalen während der eigentlichen Einschaltzeit lt. Schaltkombination (Tabelle 5.1). In jedem Brückezweig ist entweder das obere oder das untere Ventil eingeschaltet. Pro Periode des Drehspannungssystems an den in Stern geschalteten Wicklungen der Synchronmaschine ergeben sich acht erlaubte Schaltkombinationen. Damit sind immer drei Ventile gleichzeitig leitend und die drei Stränge der Ständerwicklung ständig mit dem Zwischenkreis (U_{ZK}) verbunden. Aus Tabelle 5.1 sind diese Kombinationen und die sich ergebenden Strangspannungen (U_{AN}, U_{BN}, U_{CN}) bzw. verketteten Spannungen (U_{AB}, U_{BC}, U_{CA}) ersichtlich.

Tabelle 5.1 Erlaubte Schaltkombinationen

C	B	A	U_{AN}	U_{BN}	U_{CN}	U_{AB}	U_{BC}	U_{CA}
0	0	0	0	0	0	0	0	0
0	0	1	$2/3\,U_{ZK}$	$-1/3\,U_{ZK}$	$-1/3\,U_{ZK}$	U_{ZK}	0	$-U_{ZK}$
0	1	0	$-1/3\,U_{ZK}$	$2/3\,U_{ZK}$	$-1/3\,U_{ZK}$	$-U_{ZK}$	U_{ZK}	0
0	1	1	$1/3\,U_{ZK}$	$1/3\,U_{ZK}$	$-2/3\,U_{ZK}$	0	U_{ZK}	$-U_{ZK}$
1	0	0	$-1/3\,U_{ZK}$	$-1/3\,U_{ZK}$	$2/3\,U_{ZK}$	0	$-U_{ZK}$	U_{ZK}
1	0	1	$1/3\,U_{ZK}$	$-2/3\,U_{ZK}$	$1/3\,U_{ZK}$	U_{ZK}	$-U_{ZK}$	0
1	1	0	$-2/3\,U_{ZK}$	$1/3\,U_{ZK}$	$1/3\,U_{ZK}$	$-U_{ZK}$	0	U_{ZK}
1	1	1	0	0	0	0	0	0

Dabei symbolisiert eine „1", dass der obere IGBT des entsprechenden Brückenzweiges eingeschaltet ist. So bedeutet die Kombination „(CBA) = (001)", dass die Ventile V1, V4 und V6 eingeschaltet sind. Der Zustand Spannung 0 entsteht, wenn entweder alle drei oberen oder alle drei unteren IGBT der Brückenzweige leitend sind.

Hardwaremäßig realisierte Sicherheitszeiten beim Ein-/Ausschalten der IGBT-Ventile pro Brückenzweig verhindern, dass beim Wechsel der Schaltkombination beide Ventile gleichzeitig leitend sind. Diese Totzeiten liegen je nach Ein- bzw. Ausschaltzeit t_{on} und t_{off} der IGBT-Ventile im unteren μs-Bereich. Derartige Unstetigkeiten im Übertragungsverhalten des Pulswechselrichters müssen durch entsprechende Korrekturmaßnahmen (z. B. Vorsteuerung) in der Regeleinrichtung des Antriebes kompensiert werden (siehe Bild 5.20).

5.2 Drehstromservoantriebe mit Synchronmotoren

Bild 5.6 zeigt die Anordnung der Raumvektoren, die durch die festen Schaltkombinationen erzeugt werden können. Sie unterteilen eine elektrische Periode in sechs Sektoren zu je 60°.

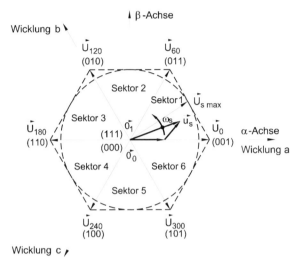

Bild 5.6 Räumliche Anordnung der Raumzeigervektoren

Mit Hilfe der Raumzeigermodulation kann jeder beliebige Spannungsvektor $\vec{u}_s$, dessen Betrag innerhalb des Hexagons liegt, erzeugt werden. Das Prinzip soll anhand eines Ständerspannungsvektors $\vec{u}_s$, der sich in Sektor 1 befindet, erläutert werden. Der Vektor $\vec{u}_s$ wird durch Modulation der beiden benachbarten festen Vektoren $\vec{U}_0$ und $\vec{U}_{60}$ erzeugt. Er ergibt sich als Mittelwert über eine Pulsperiode T_p der PWM. Dazu wird die Periode T_p einer symmetrischen PWM in mehrere Abschnitte unterteilt.

Das Prinzip zeigt Bild 5.7 für die Ventile V1, V3 und V5.

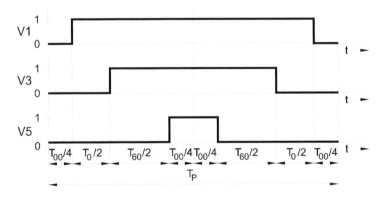

Bild 5.7 Symmetrische PWM für die Ventile V1, V3 und V5

Die Zeit T_0 entspricht der Einschaltzeit des Vektors $\vec{U}_0$ (Kombination 001) und die Zeit T_{60} dem Vektor $\vec{U}_{60}$ (Kombination 011). In der Zeit T_{00} werden die Nullvektoren $\vec{0}_0$ oder $\vec{0}_1$ (Kombination 000 oder 111) erzeugt. Damit gilt für den Ständerspannungsvektor $\vec{u}_s$ pro Pulsperiode T_p

$$\vec{u}_s = \vec{U}_0 \frac{T_0}{T_p} + \vec{U}_{60} \frac{T_{60}}{T_p} \qquad (5.15)$$

Der auszugebende Spannungsvektor wird in Komponenten des zweiphasigen, ständerfesten Koordinatensystems (α,β-Komponenten) vorgegeben.

$$\vec{u}_s = u_\alpha + ju_\beta \qquad (5.16)$$

Unter Anwendung der Euler'schen Gleichung und Trennung von Real- und Imaginärteil ergibt sich

$$\begin{aligned} u_\alpha &= |\vec{U}_0| \frac{T_0}{T_p} + |\vec{U}_{60}| \cos(60°) \cdot \frac{T_{60}}{T_p} \\ u_\beta &= |\vec{U}_{60}| \frac{T_{60}}{T_p} \cdot \sin(60°) \end{aligned} \qquad (5.17)$$

Die Lösung des Gleichungssystems (5.17) liefert für die Einschaltzeiten T_0 und T_{60}

$$\begin{aligned} T_0 &= \frac{u_\alpha}{|\vec{U}_0|} \cdot T_p - \frac{u_\beta}{|\vec{U}_0|} \cdot \frac{1}{\sqrt{3}} \cdot T_p \\ T_{60} &= \frac{2u_\beta}{|\vec{U}_{60}| \cdot \sqrt{3}} \cdot T_p \end{aligned} \qquad (5.18)$$

Die verbleibende Zeit innerhalb einer Periode T_p wird zu gleichen Teilen auf die beiden Nullvektoren $\vec{0}_0$ und $\vec{0}_1$ verteilt.

$$T_{00} = T_p - T_0 - T_{60} \qquad (5.19)$$

Aus Bild 5.7 wird ersichtlich, dass sich die Einschaltzeiten der Ventile V1, V3 und V5 im Sektor 1 wie folgt ergeben:

$$\begin{aligned} T_{V1} &= T_p - \frac{T_{00}}{2} \\ T_{V3} &= T_{60} + \frac{T_{00}}{2} \\ T_{V5} &= \frac{T_{00}}{2} \end{aligned} \qquad (5.20)$$

5.2 Drehstromservoantriebe mit Synchronmotoren

Die einstellbaren Ständerspannungsvektoren sind auf das in Bild 5.6 dargestellte Hexagon beschränkt. Bei voller Aussteuerung ergibt sich daher eine hohe Welligkeit der einzelnen Strangspannungen und damit der Strangströme. Deshalb wird der maximale Betrag des Ständerspannungsvektors auf den Radius des Kreises begrenzt, der das Hexagon tangiert. Für die maximale Strangspannung ergibt sich damit

$$\left|\vec{U}_{0\max}\right|=\left|\vec{U}_{60\max}\right|=\left|\vec{U}_{S\max}\right|=\frac{2}{3}U_{ZK}\cdot\cos 30°=\frac{1}{\sqrt{3}}U_{ZK} \tag{5.21}$$

Ebenso wie für die Ständerspannungsvektoren im Sektor 1 können für jeden Vektor in einem anderen Sektor die Einschaltzeiten für die benachbarten festen Vektoren bestimmt werden /5.4/, /5.5/, /5.6/, /5.7/.

Der Vorteil der Raumzeigermodulation im Vergleich zur Sinus-Dreieckmodulation liegt in der höheren Ausnutzung der Zwischenkreisspannung. Für die Grundschwingungsamplitude ergibt sich ein Betrag von $\hat{U}_{AN1}=0{,}577\cdot U_{ZK}$ gegenüber $\hat{U}_{AN1}=0{,}5\cdot U_{ZK}$ bei der Sinus-Dreieckmodulation.

5.2.2.2 Eingangsstromrichter

Als Eingangsstromrichter kann im einfachsten Fall ein ungesteuerter Gleichrichter in B6-Schaltung verwendet werden (vergl. Bild 4.5). An den Zwischenkreis sind im Allgemeinen mehrere Pulswechselrichter, d. h. mehrere Drehstromstellantriebe, angeschlossen. Mit dem Bremschopper wird bei Energierückspeisung die Zwischenkreisspannung U_{ZK} auf zulässige Werte begrenzt. Durch den ungesteuerten Gleichrichter ist bei Lastschwankungen die Spannung U_{ZK} nicht konstant und damit ändert sich auch der Verstärkungsfaktor K_{SR} des Pulswechselrichters. Dies ist bei der Optimierung der Stromregelkreise zu berücksichtigen.

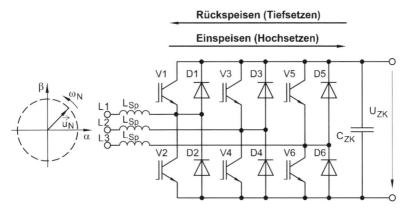

Bild 5.8 Eingangsstromrichter für Ein-/Rückspeisebetrieb

Wird als Eingangsstromrichter eine rückspeisefähige Schaltungskonzeption gemäß Bild 5.8 eingesetzt, so kann neben der Energierückspeisung bei Bremsbetrieb auch die Zwischenkreisspannung U_{ZK} konstant gehalten werden. Die übliche Zwischenkreisspannung bei Betrieb am 400-V-Drehstromnetz beträgt U_{ZK} = 600 V bis 700 V. Die B6-Schaltung ist mit dem Pulswechselrichter (Bild 5.5) identisch.

Das Steuerungskonzept unterscheidet sich jedoch. Der Pulsstromrichter (PSR) bildet zusammen mit den Speicherinduktivitäten L_{Sp} einen Hoch-/Tiefsetzsteller. Während beim Gleichspannungshochsetzsteller/-tiefsetzsteller /5.8/ auf der Eingangsseite Spannung und Strom als Gleichgrößen vorliegen, bilden beim Pulsstromrichter die sinusförmigen Wechselgrößen des Drehstromnetzes die Eingangsgrößen. Die aus den sinusförmigen Wechselgrößen resultierenden Spannungs- und Stromraumzeiger (vgl. Abschnitt 5.1) können in der α-β-Ebene als mit der Netzkreisfrequenz ω_N rotierende Gleichgrößen interpretiert werden. Der Betrag $|\vec{u}_N|$ des Spannungsraumzeigers $\vec{u}_N$ ist niedriger als die konstant gestellte Zwischenkreisspannung U_{ZK}. Damit arbeitet der Pulsstromrichter im Einspeisebetrieb als Hochsetzsteller und im Rückspeisebetrieb als Tiefsetzsteller.

Durch die 180°-Einschaltung der Stromrichterventile V1 bis V6 (Raumzeigermodulation) ergibt sich die wirksame Speicherinduktivität aus einer Reihen-Parallelschaltung der drei Speicherinduktivitäten L_{Sp}. Bei Vorgabe eines zulässigen Stromripple $\Delta|\vec{i}_N|$ gilt in Analogie zum Gleichstromsteller für die Speicherinduktivität

$$L_{Sp} = \frac{2}{3}(\frac{1}{f_P}(U_{ZK} - |\vec{u}_N|)\frac{1}{\Delta|\vec{i}_N|}) \tag{5.22}$$

Dabei ist f_P die Pulsfrequenz der Ventile des Pulsstromrichters.

Die Regelung des Pulsstromrichters muss die zwei Betriebsarten Einspeise- und Rückspeisebetrieb steuern. Maßgebend dabei sind das Halten einer konstanten Zwischenkreisspannung U_{ZK} und das Generieren sinusförmiger Netzströme im Rückspeisebetrieb. Die Phasenverschiebung zwischen den Grundschwingungen der Netzspannungen und der Netzströme soll $\varphi_1 = 0°$ betragen.

Die zu messenden Prozessgrößen sind die Zwischenkreisspannung U_{ZK}, die drei Netzströme und die Nulldurchgänge der Netzspannungen. Aus der Stromflussrichtung im Zwischenkreis wird die Betriebsart des Pulsstromrichters detektiert sowie über einen Phasenregelkreis aus den Spannungsnulldurchgängen der Phasenwinkel φ_1 bestimmt (s. Bild 5.9).

5.2 Drehstromservoantriebe mit Synchronmotoren

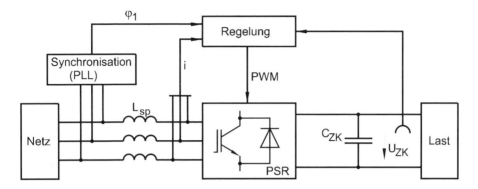

Bild 5.9 Regelprinzip für den Pulsstromrichter

Der Regler berechnet aus diesen Prozessgrößen die PWM-Schaltsignale für die Ventile des Stromrichters. Bei der Einstellung des Reglers ist abzuwägen, wie schnell die Zwischenkreisspannung bei Lastsprüngen ausgeregelt werden soll. Ist der Regler ausreichend langsam eingestellt, wird genügend Energie im Zwischenkreis gepuffert, um die aus der Lastseite resultierenden Netzrückwirkungen zu minimieren. Ohne eine solche Pufferung könnten zusätzliche Rückwirkungen von der Lastseite durch den Zwischenkreis auf das Netz übertragen werden. Die Netzströme sind annähernd sinusförmig. Höherfrequente Oberschwingungen als Vielfache der Pulsfrequenz des Stromrichters müssen durch passive Filter auf zulässige Werte (EN 55022) begrenzt werden. Der Pulsstromrichter tauscht mit dem Netz im Wesentlichen nur Wirkleistung aus.

5.2.3 Steuerverfahren beim Synchronservoantrieb

Bei der Ableitung der Beziehungen für die Momenten- und Drehzahlsteuerung wird zweckmäßigerweise von einem rotorfesten Koordinatensystem ausgegangen und dem Vektor der Polradflussverkettung $\vec{\Psi}_p$ die reelle d-Achse zugewiesen.

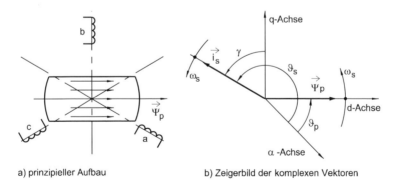

a) prinzipieller Aufbau   b) Zeigerbild der komplexen Vektoren

Bild 5.10 Zeigerdiagramm der Synchronmaschine

Im Ständerkoordinatensystem wird die α-Achse der Ständerwicklung a zugeordnet, Bild 5.10b. Es gelten folgende Beziehungen:

$$\vec{i}_s = \frac{2}{3}(i_a + a \cdot i_b + a^2 i_c) e^{j\vartheta_s} \tag{5.23}$$

mit

$$i_a = \hat{I}_S \cos \vartheta_s$$
$$i_b = \hat{I}_S \cos(\vartheta_s - \frac{2\pi}{3})$$
$$i_c = \hat{I}_S \cos(\vartheta_s - \frac{4\pi}{3})$$

Nach Bild (5.10b) ergibt sich für den Ständerstromwinkel ϑ_s:

$$\vartheta_S = \vartheta_p + \frac{\pi}{2} + \gamma \tag{5.24}$$

mit

ϑ_p Polradstellungswinkel

γ Polradsteuerwinkel

Bei permanentmagnetischer Erregung gilt:

$$\vec{\Psi}_p = \hat{\Psi}_p = konst. \tag{5.25}$$

Im stationären Betrieb, der durch die Konstanz der Geschwindigkeit und des Drehmomentes gekennzeichnet ist, sind im rotorfesten Koordinatensystem alle komplexen Vektoren nach Betrag und Lage konstant. Im ständerfesten Koordinatensystem rotieren sie dann mit der durch die Drehzahl des Läufers festgelegten Kreisfrequenz:

$$\omega_S = Zp \cdot \omega_M \tag{5.26}$$

Damit können alle Größen eines Wicklungsstranges als komplexe Zeitzeiger dargestellt werden, wobei die Orientierung von $\hat{\psi}_p$ gemäß Bild 5.10b beibehalten wird. Entsprechend Bild 5.11a lautet die Spannungsgleichung für den stationären Betrieb

$$\underline{\hat{U}}_s = R_s \underline{\hat{I}}_s + j\omega_s L_s \underline{\hat{I}}_s + \underline{\hat{U}}_p \tag{5.27}$$

und die allgemeine Beziehung für das Drehmoment

$$\vec{m}_M = \frac{3}{2} Zp \cdot (\vec{\Psi}_s \times \vec{i}_s) \tag{5.28}$$

erhält die Form

$$M_\mathrm{M} = \frac{3}{2} Zp \cdot \hat{\Psi}_\mathrm{p} \cdot \hat{I}_\mathrm{s} \cos\gamma = 3 \cdot Zp \cdot \Psi_\mathrm{p} \cdot I_\mathrm{S} \cdot \cos\gamma \tag{5.29}$$

Dabei sind ψ_p und I_s die Effektivwerte der sinusförmigen Größen des Flussverkettungs- und Stromraumzeigers.

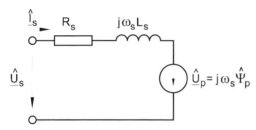

a) Ersatzschaltbild

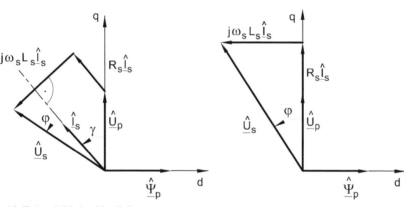

b) Zeigerbild der idealisierten Vollpolmaschine

c) Zeigerbild im Grundstellbereich

Bild 5.11 Steuerverfahren der Synchronmaschine

Ähnlich wie beim Gleichstromstellmotor lassen sich auch hier Motorkonstanten angeben /5.2/.

- Drehmomentkonstante
$$k_\mathrm{m} = \frac{M_\mathrm{M}}{I_\mathrm{s}} = 3 \cdot Zp \cdot \Psi_\mathrm{p} \tag{5.30}$$

- Spannungskonstante
$$k_\mathrm{e} = \frac{U_\mathrm{p}}{\omega_\mathrm{M}} = Zp \cdot \Psi_\mathrm{p} = \frac{1}{3} k_\mathrm{m} \tag{5.31}$$

- elektromechanische Zeitkonstante

$$\tau_M = J_{ges} \frac{R_S}{\frac{3}{2} Zp^2 \cdot \hat{\Psi}_p^2} = J_{ges} \frac{R_S}{3 \cdot Zp^2 \cdot \Psi_p^2} = J_{ges} \frac{3 \cdot R_S}{k_m^2} \qquad (5.32)$$

- Ständerkreiszeitkonstante (elektrische Zeitkonstante)

$$\tau_s = \frac{L_s}{R_s} \qquad (5.33)$$

Die elektromechanische Zeitkonstante des Synchronservomotors ist bei vergleichbaren Werten für Erregerflussverkettung (Effektivwert), Trägheitsmoment und Ankerkreiswiderstand rein rechnerisch nur ein Drittel so groß wie die der Gleichstrommaschinen (vgl. Gl. (4.15)). Die Ursachen für die kleinen Werte von τ_M liegen also nicht nur in der trägheitsarmen Konstruktion, sondern auch im physikalischen Wirkmechanismus der Momentbildung beim Synchronservoantrieb.

Gemäß Gl. (5.29) ergibt sich die maximale Momentausbeute, wenn der Ständerstromvektor senkrecht zum Polradflussvektor orientiert wird. In diesem so genannten Grundstellbereich ist der Polradsteuerwinkel $\gamma = 0$, und es besteht der für Servoantriebe notwendige lineare Zusammenhang zwischen Ständerspannung und Drehzahl bzw. Ständerstrom und Drehmoment.

Bei der in Bild 5.11c dargestellten Orientierung des Ständerstromes zum Polradfluss hat der Ständerstrom nur eine q-Komponente und es gilt für das Drehmoment:

$$M_M = k_m \cdot I_S \qquad (5.34)$$

Die Maximalwerte von Drehzahl und Drehmoment werden durch vom Stellglied abhängige Maximalwerte von U_s und I_s bestimmt. Die natürliche Leerlaufdrehzahl im Grundstellbereich ergibt sich damit aus der maximalen Ausgangsspannung U_{smax} des Pulswechselrichters zu

$$n_0 = \frac{U_{smax}}{2\pi k_e} \qquad (5.35)$$

und für das verfügbare Maximalmoment gilt:

$$M_{max} = k_m \cdot I_{smax} \qquad (5.36)$$

Die erforderliche Strangspannung U_{smax} zur Einprägung des Maximalstromes I_{smax} bei der Maximaldrehzahl des Antriebes $n_{max} = \omega_{max}/2\pi$ ergibt sich mit Gl. (5.26) und (5.31) nach Bild 5.11c zu:

$$U_{smax} = \sqrt{(k_e \cdot \omega_{max} + R_S \cdot I_{smax})^2 + (Zp \cdot \omega_{max} \cdot L_S \cdot I_{smax})^2}. \qquad (5.37)$$

Eine Erweiterung des Drehzahlstellbereiches ist durch so genannten Feldschwächbetrieb prinzipiell möglich (Polradsteuerwinkel $\gamma \neq 0$). Dies führt aber u. a. zu einer Reduzierung des verfügbaren Drehmomentes nach Gl. (5.29) und ist deshalb bei Servoantrieben nur bedingt nutzbar. Deshalb sollte grundsätzlich auf den Grundstellbereich orientiert werden, weil nur so die geforderte n-M-Charakteristik (Bild 2.1) erreichbar ist. Die orientierte Vorgabe des Ständerstromvektors in der q-Achse kann prinzipiell mit dem in Bild 5.12 dargestellten Stellgrößenrechner erfolgen. Eingangsgrößen sind die dem Solldrehmoment proportionale Ausgangsspannung des Drehzahlreglers und der Polradlagewinkel ϑ_p. Die Ausgangsgrößen sind die drei den Strangstromsollwerten proportionalen Spannungssollwerte für die Stromregelkreise. Hinsichtlich der gerätetechnischen Realisierung gibt es eine Vielzahl von Lösungen in gemischt analog/digitaler Schaltungstechnik und zunehmend in durchgängig digitaler Signalverarbeitung. Das Betriebsverhalten der so gesteuerten Maschine wird entscheidend durch die stromeinprägende Arbeitsweise des Wechselrichters bestimmt.

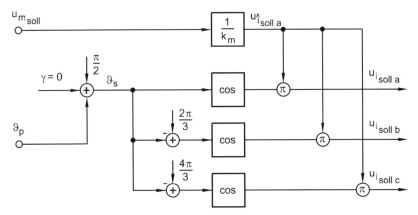

Bild 5.12 Stellgrößenrechner

Der Wechselrichter übernimmt hier die Aufgabe des mechanischen Kommutators der Gleichstrommaschine und man kann das Betriebsverhalten mit dem Verhalten einer stromgeregelten Gleichstrommaschine vergleichen.

5.2.4 Übertragungsverhalten des drehzahlgeregelten Antriebes

Aus Bild 5.3 ist die Kaskadenstruktur des Drehzahlregelkreises mit unterlagerter Regelung der Ständerströme bei Orientierung des Ständerstromvektors in die q-Achse ersichtlich. Bei durchgängig digitaler Signalverarbeitung ist es vorteilhaft, die Regelung von Ständerstromvektor und Drehzahl im rotorfesten Koordinatensystem vorzunehmen. Die notwendigen Transformationen auf die Ständerseite sind reine Rechenroutinen. Bild 5.13 zeigt das prinzipielle Blockschaltbild der feldorientierten Regelung der Synchronmaschine. Sollen mit der Analogtechnik vergleichbare Parameter erzielt werden, so muss die digitale Signalverarbeitung mit einer hohen Taktfrequenz im Echtzeitbetrieb erfolgen. Dies betrifft sowohl die Messwerterfassung und -aufbereitung der Ständerströme und der

Drehzahl als auch den Mikrorechner zur Berechnung des Regelalgorithmus. Es sind verschiedene Kombinationen von schnellen D/A-Wandlern im Zusammenwirken mit Recheneinheiten möglich /5.5/, /5.6/, /5.7/. Die FOR im Grundstellbereich wird durch Vorgabe eines Stromsollwertes für die *d*-Komponente von null erreicht. Die Stromistwerte der *d*- und *q*-Komponenten werden durch Messung der Ständerströme und Koordinatentransformation gewonnen. Eine übliche Zykluszeiten für den Stromregelalgorithmus ist $T=62{,}5\ \mu s$, also ein quasianaloges Verhalten der Regeleinrichtung. Die kleine Zykluszeit erfordert eine hohe Auflösung der Messeinrichtung für Ständerströme und Rotorlage.

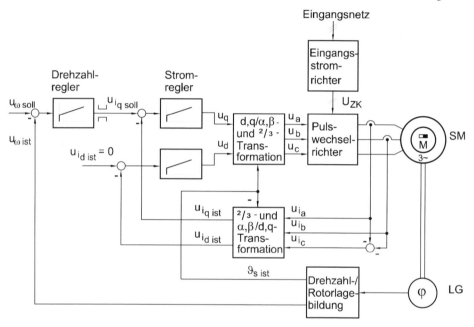

Bild 5.13 Blockschaltbild des Synchronservoantriebes mit FOR

Die Synchronmaschine wird bei Vorgabe einer *d*-Komponente $i_d \neq 0$ im Feldschwächbereich betrieben. Bei Havariesituationen, z. B. Netzspannungsausfall etc., sind dann besondere Maßnahmen zum Schutz des Wechselrichters vor zu hohen Polradspannungen U_q erforderlich. Üblicherweise erfolgt dies durch direkten Klemmenkurzschluss der Ständerwicklungen.

Der aktuelle Ständerstromwinkel ϑ_s für die Koordinatentransformationen sowie der Drehzahlistwert werden vom hochauflösenden Winkelmesssystem am Synchronmotor abgeleitet. Die Regelstrecke umfasst den Pulswechselrichter und die Synchronmaschine. Das Übertragungsverhalten des Wechselrichters kann durch ein PT_1-Glied genähert werden.

$$G_{WR} = \frac{K_{SR}}{1+s\tau_{SR}} \tag{5.38}$$

5.2 Drehstromservoantriebe mit Synchronmotoren

Dabei sind $\tau_{SR} = \dfrac{T_P}{2}$ die Stromrichterzeitkonstante und K_{SR} der Übertragungsfaktor des Wechselrichters. Das Übertragungsverhalten der feldorientiert betriebenen Synchronmaschine wird charakterisiert durch k_m, k_e, τ_s und τ_M gemäß Gl. (5.30) bis (5.33). Das Verhalten der Messglieder mit Koordinatentransformation für den Strom- und Drehzahlistwert wird bestimmt durch die Übertragungsfaktoren K_i bzw. K_T sowie je eine Filterzeitkonstante τ_{fi}.

Der Stromregelkreis für den Ständerstromvektor in den Komponenten i_q und i_d entspricht damit dem Stromregelkreis der Gleichstrommaschine (vergl. Bild 4.9). Die PI-Regler werden nach dem Betragsoptimum eingestellt:

$$G_{Ri} = \frac{1+sT_{1i}}{sT_{0i}} \tag{5.39}$$

mit

$$T_{1i} = \tau_S \tag{5.40}$$

$$T_{0i} = 2\tau_{\Sigma i} \cdot \frac{K_{SR} \cdot K_i}{R_s} \quad \text{und} \tag{5.41}$$

$$\tau_{\Sigma i} = \tau_{SR} + \tau_{fi} + T \quad \text{(T Rechnertaktzeit)} \tag{5.42}$$

Die Rücktransformation der Ausgangsgrößen u_q und u_d der beiden Stromregler in das ständerfeste Koordinatensystem ergibt die drei Sollwerte für die Strangspannungen der Synchronmaschine. Für den geschlossenen Stromregelkreis gilt dann in Analogie zum Gleichstromantrieb:

$$G_{wi} \approx \frac{1}{1+s2\tau_{\Sigma i}} \tag{5.43}$$

Bei Einstellung des Drehzahlregelkreises nach dem symmetrischen Optimum

$$G_{R\omega} = \frac{1+sT_{1\omega}}{sT_{0\omega}} \tag{5.44}$$

mit

$$T_{1\omega} = 4\tau_{\Sigma\omega} \tag{5.45}$$

$$T_{0\omega} = 8\frac{\tau_{\Sigma\omega}^2}{\tau_M} \cdot \frac{R_S \cdot K_T}{K_i \cdot k_m} \tag{5.46}$$

$$\tau_{\Sigma\omega} = 2\tau_{\Sigma i} + \tau_{ft} + T \tag{5.47}$$

ergibt sich ein Führungsverhalten, das durch ein Schwingungsglied genähert werden kann (vergl. 4.3):

$$G_{w\omega} \approx \frac{1}{1+s\,2\,D_A\,T_{0A} + s^2\,T_{0A}^2} \qquad (5.48)$$

mit T_{0A} nach Gl. (4.25) (siehe Abschnitt 4.3).

Beispiel 5.2

Von einem Drehstromservoantrieb mit Synchronmotor sind folgende Parameter und Kenngrößen bekannt:

- Synchronmotor mit hochauflösendem digitalen Lage-/Drehzahlmesssystem:
  Dauerdrehmoment $M_{dN}=14{,}2$ Nm
  Nenndrehzahl $n_N=3000$ min^{-1}
  Nennstrom $I_N=12{,}5$ A
  Gesamtträgheitsmoment, bezogen auf die Motorwelle $J_{ges}=0{,}01$ kgm²
- Pulswechselrichter mit digitaler Regeleinrichtung:
  Zwischenkreisspannung $U_{ZK}=700$ V
  Nennausgangsstrom pro Strang $I_{eff}=30$ A
  Pulsfrequenz $f_p=8$ kHz
  Übertragungsfaktor des PWR $K_{SR}=40$
  Stranginduktivität eines Ständerkreises $L_s=5{,}5$ mH
  Strangwiderstand eines Ständerkreises $R_s=1{,}1\ \Omega$
  Rechnertaktzeit für Strom- und Drehzahlregler $T=62{,}5$ µs
  Übertragungsfaktor Strommessglieder $K_i=0{,}2$ V/A
  Filterzeitkonstante $\tau_{fi}=0{,}15$ ms
  Übertragungsfaktor Drehzahlmessglied $K_T=0{,}032$ Vs
  Filterzeitkonstante $\tau_{fT}=0{,}15$ ms

Man bestimme die Parameter der PI-Regler bei Einstellung der Stromregelkreise nach dem Betragsoptimum und des Drehzahlregelkreises nach dem symmetrischen Optimum, die Anregelzeiten der Regelkreise und die Kennkreisfrequenz ω_{0A} des drehzahlgeregelten Antriebes.

5.2.5 Vereinfachtes Steuerverfahren – bürstenloser Gleichstrommotor

Ausreichend gute Ergebnisse erreicht man bereits mit einem Steuerverfahren, das in der Literatur vielfach als elektronisch kommutierter Gleichstrommotor oder Elektronikmotor bezeichnet wird /5.9/, /5.10/. Hierbei wird auf eine zu jedem Zeitpunkt exakte Orientierung des Polrades gemäß Bild 5.11 verzichtet, und es werden entsprechend der Polradlage rechteckförmige Stromblöcke in jeweils zwei Wicklungsstränge eingeprägt. Im Gegensatz zu den Betrachtungen in Abschnitt 5.2.3. erfordert dieses Steuerverfahren jedoch einen trapezförmigen Verlauf der Luftspaltinduktion im Servomotor statt eines sinusförmigen Verlaufes.

Bild 5.14 zeigt das Strukturbild des drehzahlgeregelten Synchronstellantriebes mit analoger Regeleinrichtung.

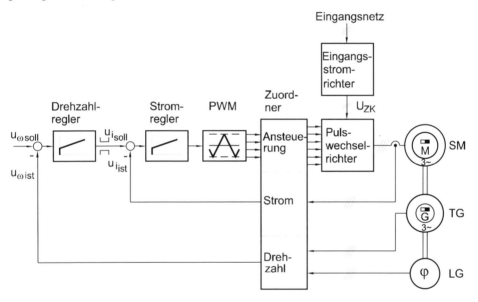

Bild 5.14 Blockschaltbild des Synchronservoantriebes mit elektronischer Kommutierung

Der Motor besitzt eine dreiphasige Ständerwicklung in Sternschaltung, einen permanenterregten Läufer, einen Drehstromtachogenerator mit gleichem Läufertyp und einen Rotorlagegeber. Der Rotorlagegeber, bestehend aus drei Magnet-Gabelschranken, meldet die aktuelle Rotorlage an den Zuordner. Pro Polteilung werden sechs Rotorlagen unterschieden. Bei den üblicherweise 6-poligen Stellmotoren sind demzufolge 18 verschiedene Rotorlagen pro Umdrehung auswertbar. Durch zyklische Blockansteuerung der Transistoren des Pulswechselrichters in B6-Schaltung (siehe Bild 5.5) entsteht am Motor ein Drehfeld. Dabei sind für jeweils 60° elektrisch zwei der drei Stränge der Ständerwicklung in Reihe geschaltet, und der dritte ist immer stromlos.

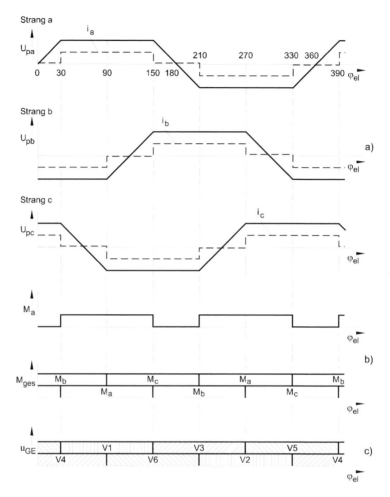

Bild 5.15 a) Polradspannung und Strangströme im Motor
b) Strangdrehmoment M_a und Gesamtdrehmoment M_{ges}
c) Ansteuersignale der Ventile V1 bis V6

Bild 5.15 zeigt den zeitlichen Verlauf der induzierten Polradspannungen, der Strangströme, des Drehmomentes und der Ansteuersignale. Bei Drehung der Motorwelle werden in den Ständerwicklungen trapezförmige, um 120° elektrisch phasenversetzte Spannungen, induziert (Bild 5.15a), die gemäß Gl. (5.31) proportional zum Fluss und zur Winkelgeschwindigkeit sind.

Die Strangströme werden durch den Wechselrichter in Form von 120° elektrisch Blöcken so eingespeist, dass sie genau in die Maxima der induzierten Spannungen U_p fallen (Bild 5.15a). Setzt man ideale Kommutierung voraus, so fließen rechteckförmige Ströme in den Wicklungen. Das Drehmoment des Stellmotors entsteht als Summe der drei Strangdrehmomente (Bild 5.15b) und ist gemäß Gl. (5.30) proportional dem Fluss und dem Ständerstrom. Die Stellung des Stromes und damit des Drehmomentes erfolgt durch Pulsbreitenmodulation der Stromblöcke. Dazu werden die Ansteuersignale (Bild 5.15c) entsprechend moduliert. Die Erfassung des drehmomentproportionalen Stromistwertes erfolgt als vorzeichenbehaftetes Summensignal aus zwei Ständerstrangströmen. Damit ist nur ein Stromregler erforderlich, und die gesamte Regeleinrichtung entspricht der eines Gleichstromservoantriebes (vgl. Bild 4.6). Beide Regler sind auch hier als PI-Regler ausgelegt. Zur Realisierung der Stromeinprägung mit fest eingestellten Reglerparametern sollte bei diesem Verfahren die Zwischenkreisspannung U_{ZK} konstant gehalten werden. Dies kann mit dem Pulsstromrichter (Bild 5.8) erfolgen.

Der Synchronservoantrieb besitzt nahezu gleiches Verhalten wie der Gleichstromservoantrieb. Da die Kommutierung mittels des Zuordners jedoch elektronisch erfolgt, entfallen die Begrenzungen durch den mechanischen Kommutator (vgl. Bild 5.20), und die Überlastbarkeit des Antriebes wird drehzahlunabhängig nur von den Parametern Maximalspannung und Maximalstrom des Stellgliedes sowie der Zwischenkreisspannung U_{ZK} des Pulswechselrichters begrenzt.

Beispiel 5.3

Von einem Drehstromservoantrieb mit elektronischer Kommutierung (Bild 5.14) und einem Synchronmotor sind folgende Parameter und Kenngrößen bekannt:

- Synchronmotor mit bürstenlosem Tachogenerator und Polradgeber:
  Dauerdrehmoment $M_{dN}=16,5$ Nm
  Nenndrehzahl $n_N=3000$ min^{-1}
  Nennstrom $I_N=15,5$ A
  Gesamtträgheitsmoment, bezogen auf die Motorwelle $J_{ges}=0,012$ kg m²
- Pulswechselrichter mit analoger Regeleinrichtung:
  Zwischenkreisspannung $U_{ZK}=600$ V
  Nennausgangsstrom pro Strang $I_{eff}=30$ A
  Pulsfrequenz $f_P=5$ kHz
  Übertragungsfaktor des PWR $K_{SR}=40$
  Stranginduktivität eines Ständerkreises $L_S=6$ mH
  Strangwiderstand eines Ständerkreises $R_S=1,5$ Ω
  Übertragungsfaktor Strommessglieder $K_i=0,25$ V/A
  Filterzeitkonstante für Summensignal (Stromistwert) $\tau_{fi}=1$ ms
  Übertragungsfaktor bürstenloser Tachogenerator $K_T=0,032$ Vs
  Filterzeitkonstante $\tau_{fT}=1$ ms

Man bestimme die Parameter der PI-Regler bei Einstellung des Stromregelkreises nach dem Betragsoptimum und des Drehzahlregelkreises nach dem symmetrischen Optimum, die Anregelzeiten der Regelkreise und die Kennkreisfrequenz ω_{0A} des drehzahlgeregelten Antriebes.

5.3 Drehstromservoantriebe mit Asynchronmotoren

Geht man von der bei Servoantrieben bewährten Kaskadenstruktur aus (vergl. Bild 4.1 und Bild 5.3), so gilt für den Servoantrieb mit Asynchronmotoren die in Bild 5.13 dargestellte prinzipielle Anordnung.

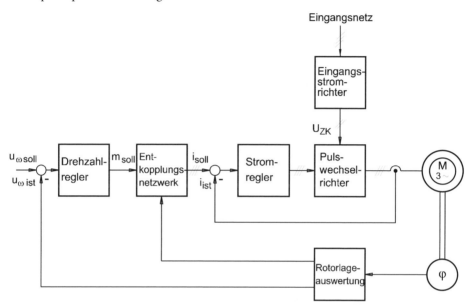

Bild 5.16 Struktur des Asynchronservoantriebes

Der Antrieb besteht aus der Asynchronmaschine und dem indirekten Umrichter (Eingangsstromrichter, Spannungszwischenkreis U_{ZK} und Pulswechselrichter, vergl. Abschnitt 5.2.2) mit analogem oder digitalem Stromregelkreis mit Zweipunkt- bzw. PWM-Regler oder Raumzeigermodulation. Außerdem gehören ein Entkopplungsnetzwerk und ein Drehzahlregler dazu. Ein Rotorlagegeber liefert die Istwerte für den Drehzahlregelkreis und die Entkopplung, die beide mit digitaler Signalverarbeitung wirksam werden. Die Entkopplung ist notwendig, da die Asynchronmaschine ein stark nichtlineares Klemmen- und Momentenübertragungsverhalten besitzt.

5.3.1 Asynchronservomotor

Gegenüber der Norm-Asynchronmaschine sind beim Stellmotor verschiedene Modifikationen erforderlich. In konstruktiver Hinsicht betrifft das die Integration der notwendigen Komplettierungsbaugruppen im Motorgehäuse, wie im Schnittbild 5.17 dargestellt.

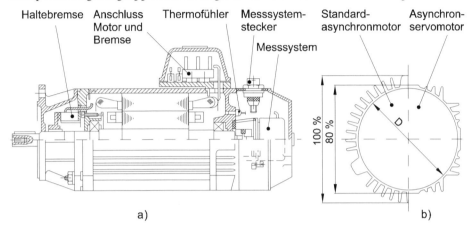

Bild 5.17 Schnittbild des Asynchronservomotors

Zur Verringerung des Einbauvolumens an der Arbeitsmaschine (Werkzeugmaschine, Industrieroboter) wird der Ständer rechteckig gestaltet (Bild 17b). In Bezug auf die elektrische Gestaltung des Motors sind ebenfalls Modifikationen notwendig. Es gelten folgende allgemeine Tendenzen:

- Ständer:

Die üblichen Ausführungen sind 2- und 4-polig. Bei 2-poligen Maschinen kommt man mit einfachen Strangstromregelungen aus und die Schaltfrequenzen halten sich bei den notwendigen Maximaldrehzahlen in beherrschbaren Grenzen. Die 4-poligen Maschinen sind insgesamt thermisch günstiger, erfordern aber aufwendigere Stromregelverfahren (Komponentenregelung). Der Querschnitt des Ständers sollte optimal groß gestaltet werden. Zur Minimierung des Magnetisierungsstromes ist Grauguss besser als Aluminium.

- Luftspalt:

Zur Erhöhung der Hauptinduktivität ist bei ASM-Stellmotoren ein kleinerer Luftspalt mit geringen Toleranzen notwendig. Das führt zu einem kleineren Magnetisierungsstrom, geringen Magnetisierungsverlusten und einer besseren Ausnutzung des Wechselrichters, setzt aber genauere Fertigungsmethoden voraus.

- Läufer:

AL-Druckgussläufer: kleines Trägheitsmoment, aber große Schlupfkonstante k_s und damit größere Läuferverluste

Cu-Läufer: geringerer Leiterquerschnitt, kleine Schlupfkonstante, geringe Läuferverluste, aber größeres Trägheitsmoment

Die Drehmomentwelligkeit durch magnetische Unsymmetrien (Nutung, Außermittigkeit) soll möglichst klein sein. Das erfordert eine erhöhte Fertigungsgenauigkeit. Für die Entkopplungsschaltung ist die Angabe der Parameter U_1, R_1, R_2', X_h, $X_{1\sigma}$, und $X_{2\sigma}'$ der Maschine notwendig.

5.3.2 Steuerbedingungen für konstanten Läuferfluss, Entkopplungsstruktur

Aus der Vielzahl möglicher Stellverfahren der Asynchronmaschine eignet sich besonders das Steuerverfahren bei Orientierung auf konstanten Rotorfluss Ψ_2'. Es gehorcht relativ einfachen Steuergleichungen und ist somit durch unkomplizierte Rechenschaltungen in der Entkopplung mittels Mikrorechner bzw. DSP realisierbar. Das dynamische Verhalten der Asynchronmaschine mit Kurzschlussläufer lässt sich durch ein nichtlineares Differentialgleichungssystem beschreiben, wenn man folgende vereinfachende Annahmen trifft:

- symmetrische sinusförmige Flussverteilung im Luftspalt, Vernachlässigung der Nutung
- keine Stromverdrängung, keine Eisenverluste
- lineare Magnetisierungskennlinie
- es existiert kein Nullsystem, d. h. $i_a + i_b + i_c = 0$

Diese Annahmen schränken die Brauchbarkeit der Gleichungen zur Untersuchung des regelungstechnischen Verhaltens der Maschine nur unwesentlich ein. Da die Maschine rotationssymmetrisch aufgebaut ist, bietet sich hier die Verwendung von Strom-, Spannungs- und Flussvektoren an, die unter Abschnitt 5.1 behandelt wurden. Für spätere Rechnungen mit diesen Vektoren ist es günstig, nicht mit einem ständerfesten Koordinatensystem zu arbeiten, sondern das Koordinatensystem fest mit einer Komponente zu verbinden. Das führt dazu, dass die rotierenden Vektoren in ruhende überführt werden und nur die Relativbewegungen der Vektoren zueinander zu berücksichtigen sind.

Der Wert des im Ständerkoordinatensystem eingetragenen Vektors $\vec{i}_1$ ergibt sich im rotierenden Koordinatensystem durch eine Drehtransformation um den Winkel

$$\gamma_K = \int \omega_K \, dt \tag{5.49a}$$

$$\vec{i}_{1K} = \vec{i}_1 \, e^{-j \int \omega_K \, dt} = \vec{i}_1 \, e^{-j \gamma_K} \tag{5.49b}$$

Mit Hilfe dieser Vereinbarungen lassen sich die Gleichungen für die Spannungen und die Flussverkettung im flusssynchronen Koordinatensystem wie folgt schreiben. Der Index K für die Koordinatentransformation wird hier nicht mehr mitgeschrieben.

5.3 Drehstromservoantriebe mit Asynchronmotoren

$$\vec{u}_1 = R_1 \vec{i}_1 + \frac{d\vec{\psi}_1}{dt} + j\omega_s \vec{\psi}_1 \tag{5.50}$$

$$0 = R_2' \vec{i}_2 + \frac{d\vec{\psi}_2}{dt} + j\omega_{RS} \vec{\psi}_2 \tag{5.51}$$

$$\vec{\psi}_1 = (L_{1\sigma} + L_h)\vec{i}_1 + L_h \vec{i}_2 \tag{5.52}$$

$$\vec{\psi}_2 = L_h \vec{i}_1 + (L_{2\sigma}' + L_h)\vec{i}_2 \tag{5.53}$$

$$\omega_{RS} = \omega_S - \omega_R \tag{5.54}$$

$$\omega_K = \omega_S \tag{5.55}$$

$$\vec{m}_M = \frac{3}{2} Zp \cdot (\vec{\psi}_1 \times \vec{i}_1) = -\frac{3}{2} Zp \cdot (\vec{\psi}_2 \times \vec{i}_2) \tag{5.56}$$

$$\vec{m}_{dyn} = m_M - m_v = J \frac{d\omega_R}{dt} \tag{5.57}$$

Dabei ist ω_s die Ständerfrequenz, ω_R die Rotorfrequenz, ω_{RS} die Schlupffrequenz, R_1 der Widerstand der Ständerwicklung und R_2' der auf die Ständerseite bezogene Läuferwiderstand. Die Induktivität $L = L_\sigma + L_h$ ist die dreiphasige Gesamtinduktivität eines Stranges. Sie berechnet sich aus dem Streufluss, dem durch den Eigenstrom erzeugten Hauptfluss und jenen Flüssen, die durch die beiden anderen Phasenströme hervorgerufen werden /5.1/. Ziel des Stellverfahrens der Asynchronmaschine soll es sein, den Fluss in der Maschine und das innere Moment m unabhängig, also entkoppelt, zu verstellen. Einen Ansatz dazu bietet die Läuferspannungsgleichung (5.51). Bestimmt man $\vec{i}_2$ mit Gl. (5.53) aus $\vec{i}_1$, so ergibt sich aus Gl. (5.51):

$$\vec{i}_1 = \frac{\vec{\psi}_2}{L_h}(1 + j\omega_{RS} \tau_2) + \frac{d\vec{\psi}_2}{dt} \frac{\tau_2}{L_h} \tag{5.58}$$

mit

$$\tau_2 = \frac{L_{2\sigma}' + L_h}{R_2'} = \frac{L_2'}{R_2'} \tag{5.59}$$

Die Steuerbedingung für konstanten Läuferfluss ergibt sich für

$$\frac{d\vec{\psi}_2}{dt} = 0$$

$$\vec{i}_1 = \frac{\vec{\psi}_2}{L_h}(1 + j\omega_{RS} \tau_2) \tag{5.60}$$

$$\vec{i}_1 = i_{1\mu} + j i_{1m} \tag{5.61}$$

Der Realteil des Ständerstromes bestimmt die Magnetisierung und der Imaginärteil wirkt nur auf das innere Moment, ohne die Magnetisierung zu beeinflussen.

$$i_{1\mu} = \frac{|\Psi_2|}{L_h} \quad (5.62)$$

(fiktiver Magnetisierungsstrom)

$$i_{1m} = i_{1\mu} \omega_{RS} \tau_2 \quad (5.63)$$

Für das innere Moment erhält man aus Gl. (5.56) unter Verwendung von Gl. (5.54) und Gl. (5.49a) eine Beziehung, in der nur noch die beiden Ständerstromkomponenten variabel sind.

$$m_M = \frac{3}{2} Zp \frac{L_h^2}{L_2} i_{1\mu} i_{1m} \quad (5.64)$$

Aus den Gln. (5.61), (5.62) und (5.64) ist ersichtlich, dass bei geeigneter Ständerstromvorgabe das Moment der Ständerstromkomponente i_{1m} unverzögert folgt und der Zusammenhang zwischen i_{1m} und m_M linear und unabhängig von der Drehzahl der Maschine ist. Eine so gesteuerte Asynchronmaschine verhält sich analog einer kompensierten Gleichstrommaschine. Die Steuerbedingungen Gl. (5.62) und (5.63) für den Ständerstrom gelten im flusssynchronen Koordinatensystem. Der fiktive Magnetisierungsstrom $i_{1\mu}$ wird in Richtung der d-Achse orientiert. Die Ständerströme müssen aber in die fest stehenden Ständerwicklungen eingeprägt werden. Um die Sollwerte für die Stromregler zu gewinnen, ist für den Ständerstrom nach Gl. (5.61) eine Koordinatentransformation vom flusssynchronen Koordinatensystem (d, q) in das ständerfeste Koordinatensystem (α, β) nötig (vergl. Gl. (5.49a)).

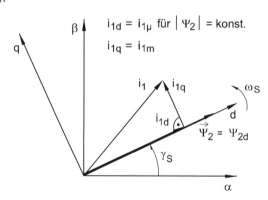

Bild 5.18 Raumzeiger des Ständerstromes

Trennt man $\vec{i}_1$ in Realteil und Imaginärteil auf, erhält man die Transformationsgleichungen (Bild 5.18) für die beiden Komponenten $i_{1\alpha}$ und $i_{1\beta}$.

$$i_{1\alpha} = i_{1\mu} \cos \gamma_s - i_{1m} \sin \gamma_s \quad (5.65)$$

$$i_{1\beta} = i_{1\mu} \sin \gamma_s + i_{1m} \cos \gamma_s \quad (5.66)$$

5.3 Drehstromservoantriebe mit Asynchronmotoren

Aus diesen orthogonalen Komponenten werden über eine 2-Phasen-/3-Phasen-Wandlung die Phasenstromsollwerte gewonnen.

$$i_{1a} = i_{1\alpha}$$
$$i_{1b} = -0{,}5 \cdot i_{1\alpha} + 0{,}5 \cdot \sqrt{3}\, i_{1\beta} \qquad (5.67)$$
$$i_{1c} = -0{,}5 \cdot i_{1\alpha} - 0{,}5 \cdot \sqrt{3}\, i_{1\beta}$$

Der Transformationswinkel γ_s berechnet sich aus den Gln. (5.49a), (5.55) und (5.63) zu

$$\gamma_s = \int \omega_s\, \mathrm{d}t = \int (\omega_R + \omega_{RS})\, \mathrm{d}t = \int \left(\omega_R + \frac{i_{1m}}{i_{1\mu}}\frac{1}{\tau_2}\right) \mathrm{d}t \qquad (5.68)$$

Bild 5.19 zeigt die vereinfachte Struktur des Entkopplungsnetzwerkes für konstanten Rotorfluss ψ_2.

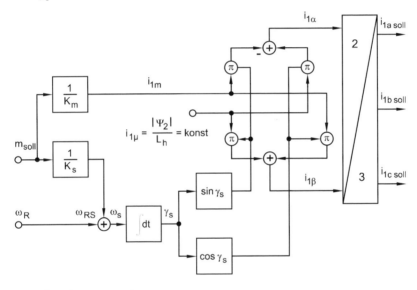

Bild 5.19 Entkopplungsnetzwerk

Die Entkopplung enthält fünf Multiplikationsstellen und zwei Winkelfunktionsgeber und wird mit Mikrorechnern realisiert. Eingangsgrößen des Entkopplungsnetzwerkes sind der Drehmomentsollwert (Ausgangsgröße des Drehzahlreglers) und die aktuelle Rotorwinkelgeschwindigkeit. Über die Drehmomentkonstante k_m (Gl. (5.69)) wird die Stromkomponente i_{1m} gebildet. Die erforderliche Ständerfrequenz ω_s errechnet sich nach Gl. (5.54). Dabei wird die notwendige Schlupffrequenz aus dem Drehmomentsollwert über die Schlupfkonstante k_s (Gl. (5.70)) berechnet. Ausgangsgrößen der Entkopplung sind die drei Ständerstromsollwerte im ständerfesten Koordinatensystem.

Für die Drehmomentenkonstante gilt:

$$k_\mathrm{m} = \frac{m_\mathrm{soll}}{i_{1\mathrm{m}}} = \frac{3}{2} \frac{ZpL_\mathrm{h}|\Psi_2|}{L_2} \tag{5.69}$$

Die Schlupfkonstante beträgt:

$$k_\mathrm{s} = \frac{m_\mathrm{soll}}{\omega_\mathrm{RS}} = k_\mathrm{m} \frac{|\Psi_2|\tau_2}{L_\mathrm{h}} \tag{5.70}$$

Wird diese Entkopplung, wie in Bild 5.16 dargestellt, zwischen Drehzahlreglerausgang und Stromreglereingang geschaltet, lässt sich die Asynchronmaschine ähnlich einer Gleichstrommaschine regeln.

Bei Erweiterung des Entkopplungsnetzwerkes kann durch geeignete Führung des Magnetisierungsstromes $i_{1\mu}$ auch der Feldschwächbereich voll genutzt werden. Diese Betriebsart ist aber bei Servoantrieben wegen des begrenzten Drehmomentes nicht üblich.

Als optimales Stellglied kann auch hier der Pulswechselrichter gemäß Bild 5.5 verwendet werden. Für den Betrieb der Asynchronmaschine mit konstantem Läuferfluss im gesamten Drehzahl-Drehmoment-Kennlinienfeld (Bild 2.1) muss eine entsprechende Spannungsreserve für die Ständerspannung U_1 vorhanden sein. Mit Hilfe der erläuterten Grundbeziehungen für den Betrieb mit konstantem Läuferfluss lassen sich der Spannungsbedarf und die Ständerstromaufnahme im stationären Betrieb ermitteln.

Für den Effektivwert der verketteten Ständerspannung des Asynchronservomotors ergibt sich:

$$U_\mathrm{V1} = \frac{L_1}{L_\mathrm{h}} \left(U_\mathrm{V0} + \frac{\omega_\mathrm{max} \cdot M_\mathrm{max}(R_1 + R_2')}{U_\mathrm{V0}} \right) \tag{5.71}$$

Dabei ist U_V0 der Effektivwert der verketteten Leerlaufspannung des Asynchronservomotors bei der maximalen Winkelgeschwindigkeit ω_max des Antriebes und bei Nennläuferfluss $|\Psi_2|$. Für den Spitzenwert des Strangstromes gilt:

$$\hat{I}_1 = \sqrt{\frac{2}{3}\left(\frac{U_\mathrm{V1}}{\omega_\mathrm{max} \cdot L_1}\right)^2 + \left(\frac{M_\mathrm{max}}{k_\mathrm{m}}\right)^2} \tag{5.72}$$

mit der Drehmomentkonstante k_m gemäß Gleichung 5.69. $\hat{I}_1$ entspricht dem notwendigen Spitzenausgangsstrom des Wechselrichters. Den stationären Ausgangsstrom des Wechselrichters kann man näherungsweise berechnen.

5.3 Drehstromservoantriebe mit Asynchronmotoren

$$I_{WR} = \sqrt{\frac{2}{3}\left(\frac{U_{V1}}{\omega_{max} \cdot L_1}\right)^2 + \left(\frac{2M_{dN}}{k_m}\right)^2} \qquad (5.73)$$

Ein Vergleich mit der für Synchronservoantriebe erforderlichen Wechselrichterleistung zeigt, dass beim Asynchronservoantrieb eine größere Leistung notwendig ist, da der Magnetisierungsstrom $i_{1\mu}$ ebenfalls eingespeist werden muss.

Entsprechend Gl. 2.1 ergibt sich für die stationäre Ausgangsleistung des Wechselrichters

$$P_{st1} = \sqrt{3} \cdot U_{V1} \cdot I_{WR} \qquad (5.74)$$

und für die maximale Ausgangsleistung

$$P_{st2} = \sqrt{3} \cdot U_{V1} \cdot \hat{I}_1 \qquad (5.75)$$

Für die Zwischenkreisspannung gilt bei Vernachlässigung der inneren Spannungsabfälle des Wechselrichters:

$$U_{ZK} = 1{,}35 \cdot U_{V1} \qquad (5.76)$$

5.3.3 Übertragungsverhalten des drehzahlgeregelten Antriebes

Die in Bild 5.16 dargestellte prinzipielle Blockstruktur der Regelung mit Anordnung des Entkopplungsnetzwerkes (Bild 5.19) zwischen Drehzahl- und Stromregelkreis kann ähnlich wie beim Synchronservoantrieb (Bild 5.13) im flussfesten d-q-Koordinatensystem verwirklicht werden.

Je ein PI-Regler ist für die Stromkomponenten i_{1m} und $i_{1\mu}$ erforderlich. Die Umrechnung in das ständerfeste Koordinatensystem ist umfangreicher, da auch die Entkopplungsstruktur berechnet werden muss. Das gilt auch für die Rücktransformation zur Gewinnung der aktuellen Istwerte. Prinzipiell ist dies jedoch unter Verwendung der in Abschnitt 5.2.4 beschriebenen Mikrorechnerhardware oder DSP durch entsprechende Software möglich.

Die Regelstrecke umfasst den Pulswechselrichter und die Asynchronmaschine. Als Eingangsgrößen der Raumzeigermodulation des Wechselrichters dienen die drei Strangstromsollwerte (vergl. Bild 5.19). Zum Übertragungsverhalten des Pulswechselrichters gelten die Aussagen in 5.2.4. Für die feldorientiert betriebene Asynchronmaschine können zwei Zeitkonstanten definiert werden.

- elektrische Zeitkonstante

$$\tau_{1\sigma} = \frac{L_{1\sigma} + L_{2\sigma}'}{R_1 + R_2'} \qquad (5.77)$$

- elektromechanische Zeitkonstante

$$\tau_M = J_{ges} \frac{R_1 + R_2'}{3 Z p^2 |\Psi_2|^2} \qquad (5.78)$$

Bei Einstellung der Stromregler nach dem Betragsoptimum gilt für den geschlossenen Stromregelkreis:

$$G_{wi} \approx \frac{1}{1 + s\, 2\tau_{\Sigma i}} \qquad (5.79)$$

und für das Führungsverhalten des Drehzahlregelkreises analog zu Abschnitt 4.3 und Abschnitt 5.2.4

$$G_{w\omega} \approx \frac{1}{1 + s\, 2 D_A T_{0A} + s^2 T_{0A}^2} \qquad (5.80)$$

mit T_{0A} nach Gl. (4.25), also ein für alle Varianten von Servoantrieben vergleichbares Übertragungsverhalten. Das bietet die Grundlage zum Einsatz unterschiedlichster drehzahlgeregelter Antriebskonfigurationen in übergeordneten Lageregelkreisen zur Bewegungssteuerung (motion control).

5.4 Vergleich der Antriebslösungen

Für alle drei betrachteten Antriebslösungen

- Gleichstromservoantrieb,
- Drehstromantrieb mit Synchronmaschine und FOR,
- Drehstromantrieb mit Asynchronmaschine und FOR

ergeben sich bei Anwendung der Kaskadenregelung gleiche Einstellvorschriften für die Regler.

In der Tabelle 5.2 sind wichtige Kenngrößen der Regelstrecke enthalten. Die Streckenübertragungsfaktoren des Strom- und Drehzahlregelkreises müssen in Anlehnung an das beim Gleichstromantrieb gezeigte Prinzip für den konkreten Anwendungsfall unter Berücksichtigung aller Übertragungsglieder (auch Filter, Glättung etc.) bestimmt werden. Diese Angaben sind meistens in der Dokumentation des Antriebsherstellers enthalten. Der innere Stromregelkreis wird nach dem Betragsoptimum eingestellt und kompensiert die elektrische Zeitkonstante des Antriebes. Er übernimmt gleichzeitig auch Schutzfunktionen für den Motor und den Stromrichter bezüglich thermischer Überlastung, da der Stromsollwert einfach begrenzt werden kann. Das Überschwingen des Istwertes beträgt $h_ü \leq 5\ \%$. Die Streckenparameter und die elektrische Zeitkonstante werden nur von der Kombination Stromrichter und Motor bestimmt. Sie sind praktisch unabhängig von der konkreten Anwendung. Damit kann der Stromregelkreis vom Antriebshersteller voreingestellt werden. Der Anwender beeinflusst nur die Begrenzung des Sollwertes für den drehmomentbildenden Strom (Ausgang des Drehzahlreglers) und die Führungsgröße u_2 der Drehmomentvorsteuerung (siehe Bild 5.20).

Er kann somit das Drehmoment auf die für die mechanischen Übertragungselemente der Maschine zulässigen Werte reduzieren. Das darf jedoch nicht zur Verminderung des für Übergangsvorgänge (vgl. Abschnitt 3.5) erforderlichen dynamischen Momentes führen.

Im Drehzahlregelkreis wird die elektromechanische Zeitkonstante τ_M des Antriebes kompensiert. Hier geht unmittelbar das Gesamtträgheitsmoment J_{ges} (vgl. Kapitel 3) ein, d. h. die Reglereinstellung ist vom konkreten Anwendungsfall abhängig. Die Einstellung des Drehzahlreglers erfolgt nach dem symmetrischen Optimum.

Tabelle 5.2 Kenngrößen Strom und Drehzahlregelkreis

	Parameter	GS-Antrieb	SM-Antrieb	ASM-Antrieb
Stromregelkreis	elektrische Zeitkonstante	$\tau_A = \dfrac{L_A}{R_A}$	$\tau_S = \dfrac{L_S}{R_S}$	$\tau_{1\sigma} = \dfrac{L_{1\sigma}+L_{2\sigma}'}{R_1+R_2'}$
	Summenzeitkonstante $\tau_{\Sigma i}$	Stromrichterzeitkonstante τ_{SR}, Stromglättung Filter τ_{fi}	Stromrichterzeitkonstante τ_{SR}, Stromglättung Filter τ_{fi}	Stromrichterzeitkonstante τ_{SR}, Stromglättung Filter τ_{fi}
	ÜF des Reglers	PI-Regler, betragsoptimal eingestellt (vergl. Bild 1.5)		
	Führungs-ÜF Stromregelkreis	$G_{wi} \approx \dfrac{1}{1+s2\tau_{\Sigma i}}$		
Drehzahlregelkreis	Streckenzeitkonstante	$\tau_M = J_{ges}\dfrac{R_A}{(K_M\Phi_M)^2}$	$\tau_M = J_{ges}\dfrac{R_S}{3Z_p^2\Psi_p^2}$	$\tau_M = J_{ges}\dfrac{R_1+R_2'}{3Z_p^2|\Psi_2|^2}$
	Summenzeitkonstante $\tau_{\Sigma\omega}$	$2\tau_{\Sigma i}$ Tachoglättung Filter	$2\tau_{\Sigma i}$ Tachoglättung o. Tastzeit, Drehzahllistwerterfassung, Filter, Rechnertastzeit τ_{fT}	$2\tau_{\Sigma i}$ Tastzeit, Drehzahllistwerterfassung, Filter, Rechnertastzeit τ_{fT}
	ÜF des Reglers	PI-Regler, nach symmetrischem Optimum eingestellt (vergl. Bild 1.5) $\qquad D_A = 0{,}5\ldots0{,}6 \qquad T_{OA} = \dfrac{3{,}1\tau_{\Sigma\omega}\sqrt{1-D_A^2}}{\pi - \arccos D_A}$		
	Führungs-ÜF Drehzahlregelkreis	$G_{W\omega} \approx \dfrac{1}{1+2D_A sT_{OA}+s^2T_{OA}^2}$		

5.4 Vergleich der Antriebslösungen

Die Überschwingweite $h_u \approx 43\%$ wird reduziert, durch Vorgabe der Führungsgröße (Drehzahlsollwert) als Anstiegsfunktion und nicht als Sprungfunktion. Dies ist bei Einbindung des Antriebes in übergeordnete Steuerungssysteme (z. B. CNC-Bahnsteuerung) ohnehin üblich, da die Beschleunigung der bewegten Massen aus mechanischen und funktionellen Gründen nur in zulässigen Grenzen möglich ist. Bei richtiger Einstellung des Drehzahlreglers und Vorschaltung des Sollwertführungsfilters G_F (siehe Bild 5.20) ergibt sich für den drehzahlgeregelten Antrieb die Führungsübertragungsfunktion eines Schwingungsgliedes mit der Dämpfung $D_A = 0{,}5...0{,}6$ und der Kennkreisfrequenz $\omega_{0A} = 1/T_{0A}$ für den geschlossenen Drehzahlregelkreis. Für die Verzögerungszeit des PT_1-Führungsfilters gilt näherungsweise $T_F \approx 4\,\tau_{\Sigma\omega}$ bei einem Übertragungsfaktor von $K_F = 1$.

Über die Führungsgröße u_1 (Bild 5.20) lässt sich anwendungsspezifisch eine Drehzahlvorsteuerung realisieren.

Erreichbare Werte für die Kennkreisfrequenz ω_{0A} des optimierten drehzahlgeregelten Antriebes sind $\omega_{0A} = 200...300\ \text{s}^{-1}$ bei Gleichstromservoantrieben und $\omega_{0A} = 1000...4000\ \text{s}^{-1}$ bei Drehstromservoantrieben.

Bild 5.20 zeigt den Wirkungsplan der Regelung am Beispiel eines Drehstromservoantriebes mit permanenterregtem Synchronmotor.

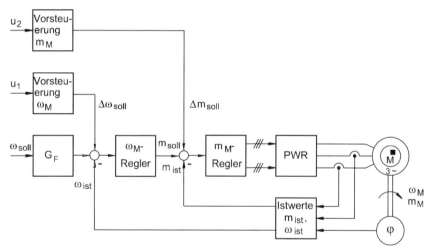

Bild 5.20 Struktur eines Synchronservoantriebes in Kaskadenstruktur mit Vorsteuerung der Führungsgrößen

Diese insbesondere bei Drehstromservoantrieben große Kennkreisfrequenz kann zu erheblichen unerwünschten Wechselwirkungen zwischen dem elektrischen Teil des Antriebes und den angeschlossenen mechanischen Übertragungsgliedern führen. Das hat neben Instabilitäten im Drehmoment- und Drehzahlregelkreis immer eine schlechtere Qualität der Stellbewegung zur Folge. Hauptursachen für diese Unstetigkeiten sind:

- feste Sicherheitszeiten beim Ein-/Ausschalten der IGBT-Ventile pro Brückenzweig,
- Rastmomente durch nicht sinusförmige Flussverteilung und Fertigungstoleranzen beim Servomotor,
- periodisch wechselnde Lastmomente infolge von Toleranzen der Anbaumaße oder von Unstetigkeiten in den mechanischen Übertragungsgliedern, die über die Motorwelle auf die Regelkreise einwirken.

Zur Kompensation dieser Unstetigkeiten und Instabilitäten haben sich Bandfilter im Vorwärtszweig der Regelkreise (/6.5/), arbeitspunktabhängige Sollwertaufschaltungen sowie die Vorsteuerung der Führungsgrößen (/6.4/), insbesondere des Drehmomentregelkreises, bewährt.

Das mit dieser Struktur erreichbare, nahezu identische Übertragungsverhalten der im physikalischen Wirkprinzip sehr unterschiedlichen Antriebsarten ist die Voraussetzung für die Einbindung der Antriebe in übergeordnete Steuerungshierarchien (z. B. CNC-Bahnsteuerung, Roboter).

Vergleicht man das realisierbare Drehzahl-Drehmoment-Kennlinienfeld (Bild 5.21), so ergeben sich zwischen der Gleich- und Drehstromantriebstechnik jedoch erhebliche Unterschiede.

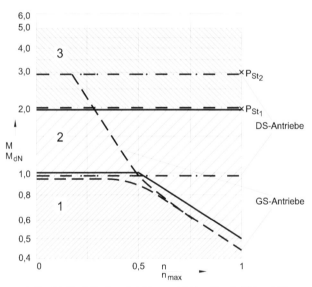

1 Bereich für stationären Betrieb, vergleichbar Nennbetriebsart S1
2 Bereich für stationären Betrieb, vergleichbar Nennbetriebsart S3, Betriebszeit $t_B = 5 ... 20$ min
3 Bereich für dynamischen Betrieb, Betriebszeit $t_B < 0{,}2$ s

Bild 5.21 Erreichbares Drehzahl-Drehmoment-Kennlinienfeld von Servoantrieben

5.4 Vergleich der Antriebslösungen

Beim Gleichstromservoantrieb begrenzt der Kommutierungsapparat (Bürstenfeuer) der Gleichstrommaschine sowohl den stationären Bereich 1 als auch die Überlastfähigkeit bei großen Drehzahlen (Bereich 3). Die zulässigen Werte für die Ankerspannung des Gleichstromservomotors liegen bei ca. 200…250 V. Damit ist eine direkte Einspeisung des Thyristorumkehrstromrichters (Bild 4.3) aus dem Niederspannungsnetz nur über Vorschalttransformatoren möglich. Die Eingangsspannung U_e des 4-Quadranten-Pulsstellers liegt ebenfalls bei ca. 250 V, so dass auch hier beim Eingangsstromrichter (Bild 4.5) ein Vorschalttransformator notwendig ist.

Die Reduzierung des Maximalmomentes (ca. 3-faches Dauerdrehmoment) ist schon ab etwa 20 % der Maximaldrehzahl erforderlich. Bereits wegen dieser Begrenzung ist der Einsatz von Gleichstromservomotoren für Handlingoperationen (Tabelle 2.1, Gruppe II) in einem weiten Geschwindigkeitsbereich nicht möglich. Auch im stationären Bereich 1 muss oberhalb von 50 % der Maximaldrehzahl das Dauerdrehmoment aus thermischen Gründen (Erwärmung des Kommutierungsapparates) reduziert werden.

Mit Drehstromservoantrieben kann das erforderliche Kennlinienfeld gemäß Bild 2.1 vollständig überstrichen werden. Die Überlastfähigkeit wird vorwiegend durch die der Leistung P_{st2} (Gl. (2.2)) proportionale Spitzenleistung des Pulswechselrichters bestimmt. Die Zwischenkreisspannung U_{ZK} des Pulswechselrichters und das zulässige Maximalmoment des Drehstromservomotors sind weitere Faktoren zur Begrenzung der Überlastbarkeit des Antriebes im Bereich 2 und 3 (Stabilität der Permanentmagnete). Aus Kostengründen begrenzt man das Maximalmoment auf das 2- bis 3-fache Dauerdrehmoment M_{dN}.

Auch im stationären Bereich 1 kann bei zu geringer Zwischenkreisspannung U_{ZK} bei Maximaldrehzahl der Nennstrom nicht in den Servomotor eingeprägt werden. Daraus würde eine Reduzierung des Nenndauerdrehmomentes M_{dN} bei hohen Drehzahlen folgen. Dies muss bei der Auslegung der Komponenten des Antriebes berücksichtigt werden (siehe Abschnitt 7.3.1).

Für zeitoptimale Positioniersteuerungen mit minimaler Zykluszeit (siehe Gl. (3.32)) ist der dynamische Kennwert C_{dyn} nach Gl. (3.36) des verwendeten Servomotors bei der Auswahl eines geeigneten Antriebssystems wichtig. In Bild 5.22 ist $C_{dyn}=f(M_{dN})$ für die drei Servomotorbauarten dargestellt. Die für C_{dyn} angegebenen Zahlen stellen gemittelte Werte aus der Analyse von Stellmotorkonzeptionen verschiedener Hersteller dar. Scheibenläufermotoren wurden hierbei nicht berücksichtigt.

Die besten Werte für C_{dyn} in Abhängigkeit vom Dauerdrehmoment M_{dN} ergeben sich beim permanenterregten Synchronservomotor (SM). Die Kurve weist die größte Progression auf.

Die Werte für Asynchronservomotoren (ASM) sind etwas geringer, da die Erregung der Maschine (z. B. konstanter Läuferfluss ψ_2) über die Ständerstromeinspeisung erfolgt und eine zusätzliche Erwärmung des Motors zur Folge hat. Die Kurve $C_{dyn}=f(M_{dN})$ besitzt aber nahezu die gleiche Progression.

Der Gleichstromservomotor schneidet bei diesem Vergleich am schlechtesten ab.

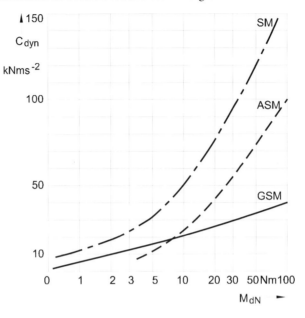

Bild 5.22 Dynamischer Kennwert C_{dyn}

Da die Progression der Kurve $C_{dyn}=f(M_{dN})$ bei Gleichstromservomotoren (GSM) sehr gering ist, eignen sich diese im Vergleich zu Drehstromantrieben nur bedingt für Handlingoperationen. Eine Ausnahme stellen Gleichstromantriebe mit Scheibenläufermotoren dar.

Der Faktor C_{dyn} eines Servomotors sollte im Sinne einer optimalen Antriebsauslegung bei der konkreten Wahl der Antriebskomponenten für den vorgegebenen Einsatzfall berücksichtigt werden.

6 Bewegungssteuerung mit Servoantrieben

Zur Realisierung von Bewegungssteuerungen muss dem drehzahlgeregelten Servoantrieb eine Lageregelschleife überlagert werden. Mit lagegeregelten Antrieben können durch Vorgabe von Führungsgrößen (Sollgrößen) in der Kaskadenstruktur mit den drei Regelschleifen im Sinne einer Bewegungssteuerung der mechanischen Antriebskomponenten gezielt beeinflusst werden (vgl. Bild 1.3):

- bei translatorischer Bewegung: Weg, Geschwindigkeit, Beschleunigung, Ruck und Kraft sowie
- bei rotatorischer Bewegung: Drehwinkel, Winkelgeschwindigkeit, Winkelbeschleunigung, Winkelruck und Drehmoment

6.1 Aufbau und Wirkungsweise der Lageregelung

Der Lageregelkreis besteht wie jedes Regelsystem aus der Regeleinrichtung und der Regelstrecke. Das Grundprinzip der Lageregelung ist in Bild 6.1 dargestellt.

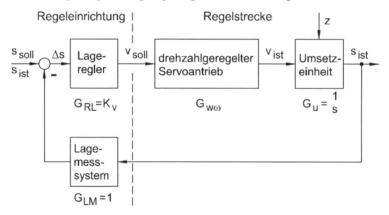

Bild 6.1 Struktur der Lageregelung

Die Regelstrecke bilden der drehzahlgeregelte Servoantrieb mit der Führungsübertragungsfunktion $G_{w\omega}$ (z. B. gemäß Tabelle 5.2) und die gesamte mechanische Umsetzeinheit mit der Übertragungsfunktion $G_u=1/s$. Die mechanischen Baugruppen werden für diese prinzipiellen Betrachtungen als starres System bei der Umsetzung der Drehbewegung der Motorwelle des Antriebes in eine translatorische Bewegung angenommen. Der

Gesamtumsetzfaktor u_{ges} (vergl. Abschnitt 3.3) muss im konkreten Anwendungsfall bei der Wandlung der Sollgeschwindigkeit v_{soll} in die Sollwinkelgeschwindigkeit ω_{soll} des Antriebes und umgekehrt bei der Wandlung von ω_{ist} berücksichtigt werden. Als Störgröße z wirkt die Vorschubkraft F_v auf die mechanischen Baugruppen. Sie bildet damit unmittelbar die Störgröße m_v für den Drehzahlregelkreis des elektrischen Antriebes.

Die Regeleinrichtung besteht aus dem Lagemesssystem und dem Lageregler. Zur Lagemessung werden wie in der gesamten Regeleinrichtung fast ausschließlich digital arbeitende Systeme eingesetzt. Der analoge Wegistwert s_{ist} wird in Weginkremente aufgeteilt, wobei ein Weginkrement der geforderten Messgenauigkeit der Wegstrecke entspricht. Man unterscheidet inkrementale, zyklisch-absolute und absolute Messverfahren. Ausführliche Angaben zu Messverfahren und Messgebern sind in /6.1/ zu finden. Je nach Ort der Messwerterfassung im mechanischen Übertragungssystem unterscheidet man zwischen indirekter und direkter Lagemessung. Beispiele für den Anbauort sind aus Bild 6.3 ersichtlich. Damit wird deutlich, dass die realen Eigenschaften der mechanischen Baugruppen unmittelbar das statische und dynamische Übertragungsverhalten des Lageregelkreises beeinflussen. In der Grundstruktur nach Bild 6.1 wird als Übertragungsfunktion für das Lagemesssystem $G_{LM} = 1$ angenommen und eine starre Mechanik vorausgesetzt. In der Praxis muss das reale Übertragungsverhalten des Messsystems durch den Übertragungsfaktor K_{LM} = Anzahl der Weginkremente pro Istweg Δs_{ist} und die Rechnerzykluszeit T des Lagereglers berücksichtigt werden. Die Zykluszeit T wird meist in der Summenzeitkonstante $t_{\Sigma\omega}$ (vgl. (Gl. 5.41)) berücksichtigt und bestimmt damit die erreichbare Kennkreisfrequenz ω_{OA} des drehzahlgeregelten Antriebes.

Der Lageregler kann als P-Regler ausgeführt werden, da die Regelstrecke bei der Umsetzung der Motorwinkelgeschwindigkeit $\omega_{ist} \approx v_{ist}$ in den Lageistwert s_{ist} ein I-Verhalten aufweist. Der Lageregler bewertet die Lageregelabweichung $\Delta s = s_{soll} - s_{ist}$ mit dem K_v-Faktor (Geschwindigkeitsverstärkung) und gibt den Geschwindigkeitssollwert $v_{soll} \approx \omega_{soll}$ für den drehzahlgeregelten Servoantrieb vor. Die Einheit der Geschwindigkeitsverstärkung K_v ist s^{-1}. Andere gebräuchliche Einheiten sind:

$$\frac{mm/min}{\mu m} \text{ oder } \frac{m/min}{mm} \text{ mit dem Zusammenhang}$$

$$1\ s^{-1} = 6 \cdot 10^{-2}\ \frac{mm/min}{\mu m} \left(\text{oder } \frac{m/min}{mm} \right) \text{ bzw. } 1\ \frac{mm/min}{\mu m} = 16{,}67\ s^{-1}.$$

Der Lagesollwert s_{soll} kann als Führungsgröße des geschlossenen Lageregelkreises als Anstiegsfunktion und nicht als Sprungfunktion vorgegeben werden. Dies hat zwei wesentliche Ursachen: Zum einen ist bei Übergangsvorgängen der Energieeintrag vom Stromregelkreis (Drehmomentregelkreis) des Antriebes in das mechanische Übertragungssystem begrenzt, d. h., der Maximalstrom des Stromrichters oder die mechanische Festigkeit der Übertragungselemente lassen nur ein maximales dynamisches Moment zu. Weiterhin ist durch die getaktete Arbeitsweise der digitalen Regeleinrichtung in Verbindung mit der notwendigen Messgenauigkeit (Wegauflösung) nur eine treppenförmige Sollwertvorgabe

6.1 Aufbau und Wirkungsweise der Lageregelung

sinnvoll, wenn der Rechenaufwand in vertretbaren Grenzen bleiben soll. Diese rampenförmige Sollwertvorgabe wirkt praktisch wie ein Führungsfilter $G_F(s)$ für den unterlagerten drehzahlgeregelten Antrieb (vgl. Abschnitte 1.4 und 6.2.2). Der Anstiegswinkel β der Führungsfunktion muss so gewählt werden, dass keine der unterlagerten Regelschleifen in der Begrenzung arbeitet (lineares Verhalten). Die Größe des Schleppabstandes Δs ist bei Übergangsvorgängen abhängig von der eingestellten Geschwindigkeitsverstärkung K_v. In Bild 6.2 ist dieser Zusammenhang für einen Positioniervorgang um eine Wegstrecke s_{max} dargestellt.

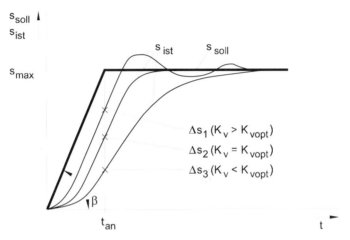

Bild 6.2 Schleppabstand Δs in Abhängigkeit von K_v

Je nach Größe von K_v verläuft der Positioniervorgang aperiodisch bzw. es kommt für Werte von $K_v > K_{vopt}$ zum unerwünschten Überschwingen der Istposition. Für den Schleppabstand Δs gilt:

$$\Delta s = \frac{v_{soll}}{K_v} = \frac{\beta}{K_v} \tag{6.1}$$

mit der Verfahrgeschwindigkeit

$$\beta = \frac{s_{max}}{t_{an}} \tag{6.2}$$

während des Positioniervorganges.

Ein Überschwingen beim Positioniervorgang kann also nur verhindert werden für $K_v \leq K_{vopt}$ bei β=konst. bzw. durch Reduzierung der Verfahrgeschwindigkeit β, d. h. Verlängerung der Anstiegszeit t_{an} der Sollwertrampe. Die Zusammenhänge zwischen Geschwindigkeitsverstärkung K_v, Übertragungsverhalten $G_{w\omega}$ des drehzahlgeregelten Antriebes und der Sollwertvorgabe $s_{soll}(t)$ werden noch etwas näher betrachtet.

Beispiel 6.1

Für den drehzahlgeregelten Antrieb im Lageregelkreis gemäß Bild 6.1 wird ein Übertragungsverhalten eines P-T$_1$-Gliedes mit der Zeitkonstante T_{0A}=20 ms angenommen. Für die Sollwertvorgabe gilt $s_{soll}=\beta \cdot t$=20 mm/s · t. Es sind die Geschwindigkeitsverstärkung K_{vopt} für überschwingfreies Positionieren und der Schleppabstand Δs zu ermitteln. Für die Übertragungsfunktion des offenen Lageregelkreises ergibt sich

$$G_{OL} = G_{RL} \cdot G_{w\omega} \cdot G_u \cdot G_{LM} = \frac{K_v}{s(1+sT_{0A})} \tag{6.3}$$

und für den geschlossenen Lageregelkreis

$$G_{wl} = \frac{G_{OL}}{1+G_{OL}} = \frac{1}{1+s \cdot \frac{1}{K_v} + s^2 \cdot \frac{T_{0A}}{K_v}} \tag{6.4}$$

sowie mit $\omega_{0A}=1/T_{0A}$

$$G_{wL} = \frac{1}{1+s \cdot \frac{1}{K_v} + s^2 \cdot \frac{1}{\omega_{0A} \cdot K_v}} \tag{6.5}$$

Die Übertragungsfunktion gemäß Gl. (6.5) besitzt das Verhalten eines Schwingungsgliedes (P-T$_2$-Glied):

$$G_{wL} = \frac{1}{1+s \cdot 2 \cdot D_L \cdot \frac{1}{\omega_{0L}} + s^2 \frac{1}{\omega_{0L}^2}} \tag{6.6}$$

mit der Kennkreisfrequenz

$$\omega_{0L} = \sqrt{K_v \cdot \omega_{0A}} \tag{6.7}$$

und der Dämpfung $D_L = \frac{1}{2}\sqrt{\frac{\omega_{0A}}{K_v}}$ (6.8)

Setzt man für den zulässigen Dämpfungsgrad D_L im Lageregelkreis $D_L \geq 1/\sqrt{2}$, so erhält man für den aperiodischen Grenzfall (D_L=0,707) die optimale Geschwindigkeitsverstärkung $K_{vopt} = \frac{\omega_{0A}}{4 \cdot D_L^2} = \frac{\omega_{0A}}{2} = \frac{\frac{1}{0,02} \cdot s^{-1}}{2} = 25$ s^{-1}.

Der Schleppabstand ergibt sich dann zu $\Delta s = \dfrac{\beta}{K_{\text{vopt}}} = \dfrac{20\,\text{mm}\cdot\text{s}^{-1}}{25\,\text{s}^{-1}} = 0{,}8\,\text{mm}$. Die Kennkreisfrequenz des Lageregelkreises beträgt $\omega_{0L} = \sqrt{K_v \cdot \omega_{0A}} = \sqrt{25\,\text{s}^{-1} \cdot 50\,\text{s}^{-1}} = 35{,}36\,\text{s}^{-1}$.

Die Interpretation der Ergebnisse von Beispiel 6.1 erbringt folgende grundlegende Erkenntnisse:

- Der Schleppabstand Δs steigt bei $K_v = K_{\text{vopt}}$ mit der Verfahrgeschwindigkeit β (Bahngeschwindigkeit) der Achse.
- Die Kennkreisfrequenz ω_{0A} des drehzahlgeregelten Antriebes bestimmt unmittelbar die erreichbare Geschwindigkeitsverstärkung K_{vopt} für überschwingfreies Positionieren bei gegebener Verfahrgeschwindigkeit β.

Diese Zusammenhänge sind besonders bei den folgenden Betrachtungen mehrachsiger Bewegungssteuerungen zu beachten.

6.2 Lageregelkreise in Bahnsteuerungen

6.2.1 Prinzip der numerischen Bahnsteuerung

Aufgabe der numerischen Bahnsteuerungen bei Werkzeugmaschinen und Industrierobotern ist es, das Werkzeug relativ zum Werkstück längs numerisch beschriebener Bahnen mit der geforderten Genauigkeit unter Einhaltung einer bestimmten Bahngeschwindigkeit zu bewegen. Die Werkzeugbahn entsteht dabei durch Simultanbewegungen von mindestens zwei Maschinenschlitten oder Stellachsen, die mit je einem Lageregelkreis ausgestattet sind und den in der CNC-Steuerung berechneten Lagesollwerten nachgeführt werden. Die Lageregelkreise der einzelnen Bewegungsachsen sind völlig entkoppelt, d. h., ein Fehler oder eine Störung der Bewegung einer Achse beeinflusst die Bewegung der übrigen Achsen nicht. Die Störung führt jedoch zu Bahnverzerrungen und beeinflusst die Bearbeitungsgenauigkeit.

Bild 6.3 zeigt als Beispiel den Signalflussplan für die 3-achsige Bahnsteuerung einer Werkzeugmaschine. Die Sollwertbildung erfolgt in der CNC-Steuerung in der Art, dass die einzelnen Lagesollwerte zeitdiskret und parallel von der Wegesteuerung an die Lageregelkreise der Bewegungsachsen ausgegeben werden. Die Lageregler der Bewegungsachsen x, y und z sind Bestandteil der CNC-Steuerung und arbeiten digital. Die Schnittstelle zum drehzahlgeregelten Servoantrieb bilden die Geschwindigkeitssollwerte v_{xs}, v_{ys} und v_{zs}. Diese ist je nach Signalverarbeitung im Drehzahlregelkreis analog ($\pm$ 10 V) oder digital (z. B. Sercos /6.2/).

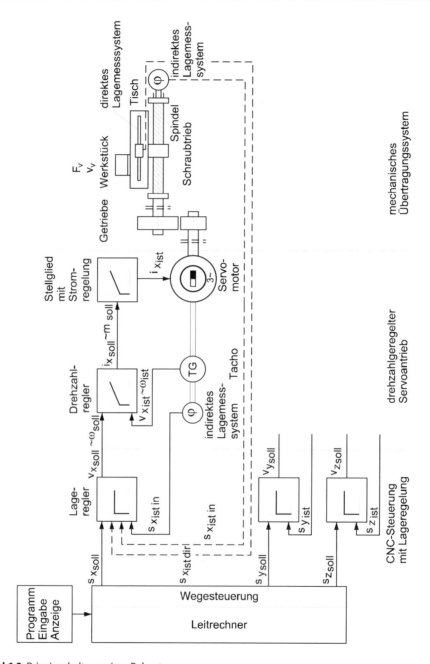

Bild 6.3 Prinzipschaltung einer Bahnsteuerung

Die Lagemessung erfolgt indirekt an der Motorwelle oder am Schraubtrieb sowie direkt translatorisch am Maschinenschlitten. Aus der völligen Entkopplung der aktuellen

Istzustände der Bewegungsachsen von der Sollwertbildung der Wegesteuerung wird ersichtlich, dass die Lageregelkreisparameter einen dominierenden Einfluss auf Bahnverzerrungen und damit auf das Bearbeitungsergebnis besitzen.

Weitere wesentliche Einflussfaktoren auf die Bearbeitungsgenauigkeit ergeben sich aus der Art und Qualität der Lagesollwertvorgabe durch die CNC-Steuerung und durch die mechanischen Parameter der Bewegungsachsen. Die Bewegung des Werkstückes im dreidimensionalen Raum (x, y, z) entsteht durch Superposition der Bewegung der einzelnen Achsen. Die CNC-Steuerung gibt dazu zeitgleich die geforderten Wegintervalle $\Delta s_{x,y,z}$ pro Rechnerzykluszeit T vor.

Eine Kreisbahn (Bewegung der x- und y-Achse) entsteht z. B. durch zeitgleiche Vorgabe der jeweils notwendigen Geschwindigkeiten ($\Delta s_{xsoll}/T$ und $\Delta s_{ysoll}/T$).

Auf die Bahnfehler (Abweichungen von der Sollkurve bei gegebener Bahngeschwindigkeit v_B und gegebenem Radius des Kreises) wird im Abschnitt 6.2.3 eingegangen. Vorerst wird nur das Übertragungsverhalten einer Bewegungsachse betrachtet.

6.2.2 Übertragungsverhalten des lagegeregelten Antriebes

Aus dem erläuterten Prinzip der Bahnsteuerung kann das Blockschaltbild des lagegeregelten Servoantriebes abgeleitet werden (Bild 6.4).

Der drehzahlgeregelte Antrieb stellt ein Schwingungsglied (vgl. Tabelle 5.2) dar. Die Umsetzung der Istgeschwindigkeit in den Weg erfolgt über den Schraubtrieb (Spindeltrieb). Das mechanische Übertragungssystem wird ebenfalls durch ein Schwingungsglied genähert. Die Kennkreisfrequenz der Mechanik ω_{om} charakterisiert die kleinste Resonanzfrequenz. Höherfrequente Resonanzstellen im mechanischen Übertragungssystem werden durch Sperrfilter im Vorwärtszweig des Drehzahl- bzw. Stromregelkreises bedämpft.

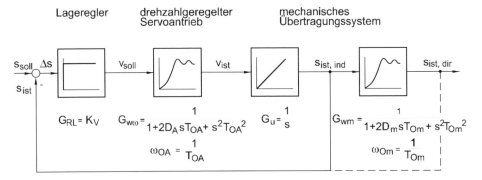

Bild 6.4 Blockschaltbild des lagegeregelten Servoantriebes (direktes bzw. indirektes Lagemesssystem)

Je nach Art der Lagemessung (indirekt an der Motorwelle/Spindel oder direkt am Tisch) ist das mechanische Übertragungssystem Bestandteil der Regelstrecke oder liegt teilweise außerhalb des Lageregelkreises. Unter der Annahme einer indirekten Lagemessung an der Motorwelle lautet die Übertragungsfunktion des offenen Lageregelkreises:

$$G_{OL} = \frac{K_v}{s(1 + s\,2D_A T_{0A} + s^2 T_{0A})} \tag{6.9}$$

Mit $\omega_{0A} = 1/T_{0A}$ folgt:

$$G_{OL} = \frac{1}{s\dfrac{1}{K_v} + s^2 2D_A \dfrac{1}{K_v \cdot \omega_{0A}} + s^3 \dfrac{1}{K_v \cdot \omega_{0A}^2}} \tag{6.10}$$

Stellt man die Dämpfung $D_A \approx 0{,}5$ ein, so ergibt sich für die Übertragungsfunktion des geschlossenen Lageregelkreises:

$$G_{wL} = \frac{1}{1 + G_{OL}} = \frac{1}{1 + s\dfrac{1}{K_v} + s^2 \dfrac{1}{K_v \cdot \omega_{0A}} + s^3 \dfrac{1}{K_v \cdot \omega_{0A}^2}} \tag{6.11}$$

Das Übertragungsverhalten wird also maßgeblich von der Geschwindigkeitsverstärkung K_v des P-Lagereglers und der Kennkreisfrequenz ω_{0A} des drehzahlgeregelten Antriebes beeinflusst. Beim Verfahren der Bewegungsachse ist ein Überschwingen des Istweges nicht zulässig. Für diese Randbedingungen wurde bei Rechnersimulationen für bestimmte Testbahnen (Kreis, Umfahren einer 90°-Ecke) eine optimale Geschwindigkeitsverstärkung ermittelt /6.3/.

Es ergibt sich bei einer Dämpfung des drehzahlgeregelten Antriebes $D_A = 0{,}5...0{,}6$ eine optimale Geschwindigkeitsverstärkung des P-Lagereglers von

$$0{,}2\,\omega_{0A} \leq K_{vopt} \leq 0{,}3\,\omega_{0A} \tag{6.12}$$

Für größere Werte von K_v schwingt der Lageregelkreis über und es kommt zu Bahnfehlern. Bei direkter Lagemessung befindet sich das mechanische Übertragungssystem im Lageregelkreis. Damit das Übertragungsverhalten des Lageregelkreises nicht unzulässig beeinflusst wird, müssen folgende Richtwerte eingehalten werden /6.3/:

Dämpfung $D_m \geq 0{,}2$ \hfill (6.13)

$$\frac{\omega_{0m}}{\omega_{0A}} \geq 2 \tag{6.14}$$

Bei Einhaltung dieser Richtwerte ergeben sich für indirekte und direkte Lagemessung etwa gleiche Parameter für die Bahngenauigkeit, z. B. bei einer Kreisbahn gemäß Bild 6.6.

6.2 Lageregelkreise in Bahnsteuerungen

Die Bedingung nach Gl. (6.14) kann meist nicht erfüllt werden. Die heute vollständig digital geregelten, rotierenden elektrischen Servoantriebe besitzen Kennkreisfrequenzen ω_{0A}, die in aller Regel höher als die im mechanischen Teil auftretende niedrigste mechanische Kennkreisfrequenz ω_{0m} sind. Somit bestimmt überwiegend der mechanische Teil des Antriebes die einstellbare Geschwindigkeitsverstärkung K_v im Lageregelkreis. Nur durch sorgfältige Konstruktion im Sinne einer mechatronischen Betrachtungsweise des kompletten Antriebssystems kann ein hoher K_v-Wert und damit ein kleiner Schleppabstand erreicht werden. Gewisse Verbesserungen hinsichtlich der erzielbaren Bahngeschwindigkeit bei hohen Verfahrgeschwindigkeiten sind durch Vorsteuerung der unterlagerten Drehzahl- und Stromregelkreise (vergl. Bild 5.20) sowie durch Sollwertglättung möglich. Hierzu sei auf die ausführlichen Betrachtungen in /6.4/ verwiesen.

In Bild 6.5 ist das Prinzip der Bewegungssteuerung mit Sollwertglättung für das Beispiel eines analogen Drehzahlregelkreises dargestellt. Bei durchgängig digitaler Signalverarbeitung kann die Sollwertglättung auch im Vorwärtszweig zwischen Lageregler und Drehzahlregler angeordnet werden.

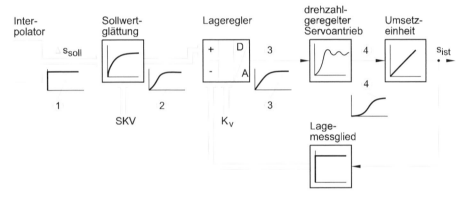

1 Geschwindigkeitsverlauf am Ausgang des Interpolators
2 Geschwindigkeitsverlauf am Ausgang der Sollwertglättung
3 Geschwindigkeitsverlauf am Ausgang des D/A-Wandlers
4 Geschwindigkeitsverlauf am Ausgang des drehzahlgeregelten Servoantriebes

Bild 6.5 Struktur der Bewegungssteuerung einer Achse

Die Sollwertvorgabe erfolgt nicht durch eine kontinuierliche Anstiegsfunktion, sondern treppenförmig entsprechend der Rechnertaktzeit T. Durch die diskontinuierliche Sollwertvorgabe – übliche Rechnertaktzeiten liegen zwischen 125 μs und 500 μs – wird das Übertragungsverhalten des Lageregelkreises verschlechtert. Die mechanischen Übertragungsglieder können durch die Treppenfunktion leicht zu Schwingungen angeregt werden.

Es ist deshalb erforderlich, die in der Weg-Zeit-Funktion auftretenden Knickstellen durch quasikontinuierliche Übergänge zu ersetzen. Diese so genannte „Sollwertglättung" wird dem Lageregelkreis vorgeschaltet.

Der Lagesoll- und Lageistwertvergleich erfolgt nicht mit der Gesamtweglänge, die nach Vorgabe des Interpolators zu verfahren ist, sondern nur mit Wegincrementen, die pro Tastzeit T verfahren werden. Das bringt den Vorteil der größeren Zahlengenauigkeit bei schnellerer Abarbeitung des Regelalgorithmus mit sich. Daraus folgt aber auch, dass die Lagesoll- bzw. Lageistwertfunktionen praktisch geschwindigkeitsproportionale Funktionen sind. Die Information über den zu verfahrenden Weg entspricht dabei der Fläche, die vom Funktionswert Δs_{soll} und der Zeitachse aufgespannt wird (Bild 6.5). Die erforderliche Verfahrgeschwindigkeit ergibt sich aus der Größe des Funktionswertes (1) pro Tastzeit.

$$v_{soll} = \frac{\Delta s_{soll}}{T} \qquad (6.15)$$

Am Ausgang der Sollwertglättung ergibt sich ein verschliffener Signalverlauf (2) für den Sollwert des Lageregelkreises. Als Glättungsfunktionen haben sich die $\cos^2$-Funktionen bewährt. Die Einstellung der Funktionsparameter erfolgt über den Verstärkungsfaktor der Sollwertglättung SKV. Die Sollwertglättung wirkt dämpfend auf Anregungen des Geschwindigkeits-(4) und Drehmomentenverlaufes. Die übliche Vorsteuerung (Sollwertaufschaltung) der Führungsgrößen für den Drehzahl- und Drehmomentregelkreis ist in Bild 6.5 nicht dargestellt.

6.2.3 Einfluss der Parameter einer Bewegungsachse auf die Bahngenauigkeit

Die resultierende Bahnkurve entsteht durch Simultanbewegungen der einzelnen Bewegungsachsen. An Bearbeitungszentren und Robotern sind Bewegungen des Werkzeuges oder Werkstückes im fünfdimensionalen Raum üblich. Die getaktete parallele Vorgabe der Geschwindigkeitssollwerte $\Delta s/T$ ohne direkte Lagerückmeldung an der Interpolation der Wegesteuerung (Bild 6.3) setzt hohe dynamische Parameter aller an der Bahnkurve beteiligten Bewegungsachsen voraus.

Zur Realisierung der geforderten Bahngenauigkeit bei einer vorgegebenen Bahngeschwindigkeit gelten folgende Grundregeln /6.3/, /6.6/:

- Gleiche Dynamik aller Bewegungsachsen. Das erreicht man mit gleichen Antriebsgrößen, d. h., ω_{0A} und D_A sind identisch.
- Einhaltung der Bedingungen zur Anpassung der mechanischen Baugruppen nach Gl. (6.10) und (6.11) durch entsprechende Glättungsfilter und Vorsteuerung /6.4/.
- Betrieb aller Bewegungsachsen im linearen Bereich der Regelkreise (z. B. keine Strombegrenzung).
- Einhaltung von $K_v \approx K_{vopt}$ für alle Bewegungsachsen.

Am Beispiel einer Kreisbahn (Betrieb der *x*- und *y*-Achse in Bild 6.3) sollen diese Zusammenhänge verdeutlicht werden. Die Kreisbahn entsteht durch zeitgleiche Vorgabe der Geschwindigkeitssollwerte $\Delta s_{xsoll}/T$ und $\Delta s_{ysoll}/T$ pro Rechnertaktzeit T für einen bestimmten Radius r_s des Kreises. Die Geschwindigkeiten der beiden Bewegungsachsen ändern sich entsprechend der Sollwertvorgabe durch die Wegesteuerung zwischen $-v_{x,y,max} \leq v_{x,y} \leq +v_{x,y,max}$. Die Bahngeschwindigkeit v_B ergibt sich aus der Winkelgeschwindigkeit ω_{rs} mit der der Radiusvektor die Kreisbahn durchläuft zu

$$v_B = \omega_{rs} \cdot r_s \tag{6.16}$$

Bei Einhaltung der so genannten Richtwerte für die Antriebsauslegung erhält man für indirekte und direkte Lagemessung etwa gleiche Parameter für die Bahngenauigkeit. Unter der Annahme, dass der geschlossene Lageregelkreis P-T_2-Verhalten besitzt, gelten die in Bild 6.6 dargestellten Kreisabweichungen /6.4/.

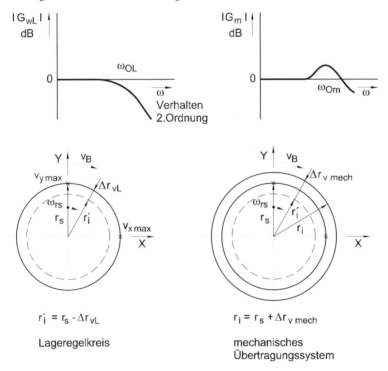

Bild 6.6 Geschwindigkeits- und radiusabhängige Abweichungen vom Kreis

Bei konstanter Bahngeschwindigkeit v_B wird durch den elektrischen Teil des Lageregelkreises der Istwert des Radius um Δr_{vL} verkleinert und durch das mechanische Übertragungssystem um Δr_{vmech} vergrößert /6.4/.

Unterschiedliche Phasenfehler der Bewegungsachsen haben eine zusätzliche Verzerrung der Istbahn zur Folge /6.4/. Die Abweichungen steigen mit der Bahngeschwindigkeit und können nur mittels K_v oder über eine kleinere Bahngeschwindigkeit v_B reduziert werden. Ein größeres K_v ist bei Betrieb ohne Überschwingen nur durch höhere Antriebsdynamik (größeres ω_{0A}) möglich.

6.3 Lageregelkreis in Positioniersteuerungen

Ein weiteres Haupteinsatzgebiet von Servoantrieben ist entsprechend den technologischen Prozessen, Gruppe II (Kapitel 2; Tabelle 2.1), die Steuerung von Bewegungsvorgängen von z. B. Zuführ-, Entnahme-, Transport- und Stapeleinrichtungen in Kopplung zum technologischen Hauptprozess. Hier werden zunehmend vom Hauptantrieb zwangsgesteuerte Einrichtungen durch drehzahlvariable Einzelantriebe ersetzt, weil sich dadurch die Flexibilität und Produktivität der Gesamtanlage erhöhen lässt. Da aus konstruktiven und technischen Gründen die Wegmessung überwiegend indirekt an der Motorwelle erfolgt, liegen Teile der mechanischen Umsetzeinheit außerhalb des Regelkreises. Die Regelstrecke umfasst damit einen geregelten und einen gesteuerten Streckenanteil. Die Hauptaufgaben des Positionierantriebes, bestehend aus dem elektrischen Servoantrieb und der überlagerten Positioniersteuerung, sind:

- Ausführung von Stellbewegungen in einem bestimmten Weg-/Zeitregime gegenüber dem eigentlichen Hauptprozess;
- gezielte Drehmomentsteuerung mit Ruckbegrenzung und Beschleunigungsführung, um den gesteuerten Streckenanteil nicht anzuregen;
- Einhaltung von Koppel- und Sicherheitsbedingungen gegenüber dem technologischen Hauptprozess.

Im Gegensatz zur Bahnsteuerung lassen sich hier die prozessabhängigen Stellbewegungen im Voraus berechnen.

Damit kann man die Positioniersteuerung in zwei funktionelle Teile trennen. In einer Offline-Phase werden die notwendigen Führungsgrößenverläufe für die Drehzahl und das Drehmoment (Strom) des Servoantriebes berechnet und gespeichert. Auf diese Führungsgrößen wird dann pro Rechnerzykluszeit des „Online-Regelalgorithmus" während des Stellvorganges zurückgegriffen. Bild 6.7 zeigt die Struktur des Servoantriebes mit Positioniersteuerung am Beispiel einer analogen Schnittstelle für den Drehmomentregelkreis /6.7/.

Regelgröße ist der Drehwinkel φ der Motorwelle. Über ein Lagemesssystem werden die aktuellen Istwerte von Drehwinkel und Winkelgeschwindigkeit pro Rechnerzykluszeit T ermittelt. Der Lage- und Drehzahlregler des Positioniermoduls ermittelt die Abweichungen zwischen den offline berechneten Stellgrößen für Drehmoment und Geschwindigkeit und den durch äußere Störungen und Parameterschwankungen real auftretenden Istwerten. Als Hauptstörgröße wirkt das Verlustmoment m_v auf die mechanischen Baugruppen des Antriebes. Nach einer programmierten Stellstrategie wird der offline berechnete

Drehmomentsollwert korrigiert. Die Schnittstelle zum Stellantrieb ist der analoge drehmomentproportionale Stromsollwert. Der Stromregelkreis wird nach dem Betragsoptimum eingestellt.

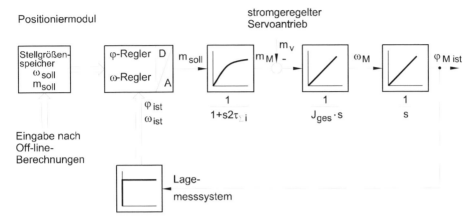

Bild 6.7 Struktur der Positioniersteuerung

Dieses prädikative Steuer- und Regelkonzept bietet neben der Realisierung optimaler Stellbewegungen auch umfangreiche Möglichkeiten zur Selbstoptimierung und zur „Offline" bzw. „Online" Diagnostik der Stelleinrichtung.

6.4 Schrittantriebe

Mit einem Schrittantrieb können durch das Weiterschalten magnetischer Vorzugsrichtungen im Ständerdrehfeld definierte Winkelschnitte pro Umdrehung der Rotorwelle realisiert werden. Je nach konstruktiver Ausführung des Schrittmotors sind Schrittzahlen von $z=2$ bis 1000 je Umdrehung der Rotorwelle, d. h. Schrittwinkel von $\alpha_s=180°$ bis $0{,}36°$ möglich. Der Einsatz von Schrittantrieben erfolgt vorrangig dort, wo schrittweise Positionierbewegungen bei geringen Lastmomenten auszuführen sind. Beispielhaft seien genannt in der Schreib- und Drucktechnik: Schreibmaschinen, Fernschreiber, Faxgeräte, Plotter, Drucker in der Datenverarbeitung: Antriebe für Festplattenspeicher und Bandgeräte in der Medizintechnik Dosiereinrichtungen sowie Antriebe für Uhren, Kleinroboter und Teile der Kfz-Technik. Funktionsbedingt können Schrittantriebe bei Einhaltung der Grenzen für das drehzahlabhängige Maximalmoment in einer offenen Steuerkette betrieben werden. Für anspruchsvolle Positionieraufgaben als Servoantrieb (vgl. Tabelle 2.1, Gruppe II) sind nur Hybridschrittmotoren geeignet. Die weiteren Darstellungen beschränken sich deshalb auf diese Schrittantriebe. Bezüglich zusätzlicher Ausführungsformen sei auf /6.9/ und /6.10/ verwiesen. Die Grundstruktur des Schrittantriebes zeigt Bild 6.8. Der Antrieb besteht aus dem Hybridschrittmotor mit dreiphasiger Ständerwicklung. Über den Pulswechselrichter in B6-Schaltung werden in die Ständerwicklungen Ströme nach um 120° elektrisch phasenverschobenen, sinusförmigen Treppenfunktionen (vgl. Bild 6.9) eingeprägt.

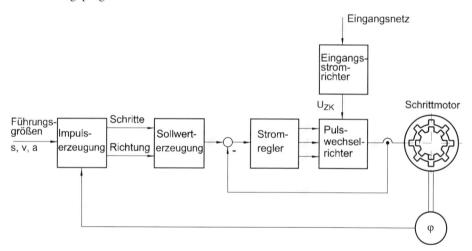

Bild 6.8 Struktur des Schrittantriebes für Servoanwendungen

Als Eingangsstromrichter dient meist eine ungesteuerte B2-Schaltung für einphasigen Netzanschluss. Jeder Stufe der sinusförmigen Treppenfunktion entspricht ein Schrittwinkel α_s. Die Sollwertvorgabe für die Stromregler wird drehrichtungsabhängig generiert. Jeder Stromregelkreis steuert einen Brückenzweig des Pulswechselrichters. Die Ständer-

6.4 Schrittantriebe

wicklungen des Schrittmotors sind in Dreieck geschaltet. In der Impulserzeugerstufe werden die Führungsfunktionen (Weg s, Geschwindigkeit v, Beschleunigung a) in Schrittwinkel α_s umgewandelt. Zur besseren Ausnutzung des Schrittmotors ist wie beim Servoantrieb ein Rotorlagegeber erforderlich.

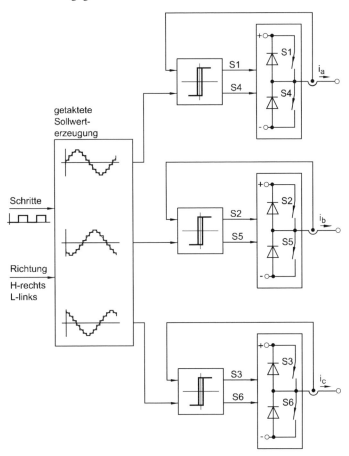

Bild 6.9 Prinzip der Stromregelung

Dadurch wird die Positioniergenauigkeit erhöht und es sind neben dem üblichen Start-Stopp-Betrieb mit sprungförmiger Vorgabe der Schrittfrequenz f_s auch Anstiegsfunktionen für Beschleunigungs- und Bremsvorgänge generierbar. Gleichzeitig kann mit dem Rotorlagegeber eine Drehüberwachung erfolgen, was bei Mehrachsanwendung mit NC-Steuerung unbedingt erforderlich ist.

Der Vorteil des Schrittantriebes (Betrieb in offener Steuerkette) geht damit teilweise verloren, wird aber durch die damit erreichbaren Antriebsparameter in Servoanwendungen kompensiert.

6.4.1 Hybridschrittmotor

Der grundsätzliche Aufbau des Hybridschrittmotors ist aus Bild 6.10 ersichtlich. Die Erregung erfolgt über die im Läufer axial angeordneten Permanentmagneten. Die Läuferscheiben sind gezahnt. Das „Nordpol"- (1) und „Südpol"- (2) Zahnrad sind um eine halbe Zahnteilung versetzt.

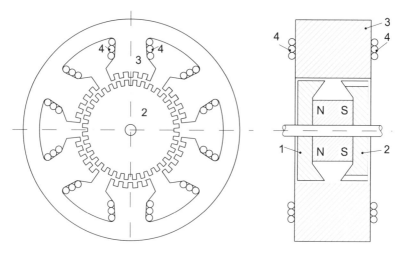

N, S Permanentmagnet; 1, 2 gezahnte Läuferscheiben;
3 Ständerpole; 4 Ständerwicklung

Bild 6.10 Aufbau eines dreiphasigen Hybridschrittmotors

Zur Drehmomenterhöhung können auch mehrere Läuferscheiben und Permanentmagnete auf einer Läuferwelle hintereinander angeordnet werden. Die Polschuhe im Ständer (3) des 3-Phasen-Motors sind ebenfalls gezahnt, wobei die Ständerzahnteilung mit der Läuferzahnteilung übereinstimmt. Die Ständerwicklungen (4) werden nach dem aus Bild 6.9 ersichtlichen Prinzip ständig bestromt. Die Drehmomentbildung ist mit dem permanenterregten Synchronservomotor vergleichbar. Ein Unterschied besteht darin, dass der Ständerstromvektor $\vec{i}_s$ (vgl. Gl. (5.21)) nur gestuft im Schrittwinkel α_s eingeprägt werden kann. Die Größe des Schrittwinkels wird von der Polpaarzahl Zp des Schrittmotors und der Stufenzahl k der sinusförmigen Treppenfunktion bestimmt.

$$\alpha_s = \frac{360°}{Zp \cdot k} \quad (6.17)$$

6.4 Schrittantriebe

Für einen 3-Phasen-Motor mit der Polpaarzahl $Zp=50$ und der Stufenzahl $k=20$ pro Sinusfunktion ergibt sich damit ein Schrittwinkel von $\alpha_s = 0{,}36°$, d. h., pro Motorumdrehung werden 1000 Schritte ausgeführt. Bei Stillstand ($n = 0$) mit fester Stromeinprägung $\hat{I}_s$ entwickelt der Motor bei Auslenkung um den Winkel φ aus dieser Lage ein Drehmoment gemäß Bild 6.11.

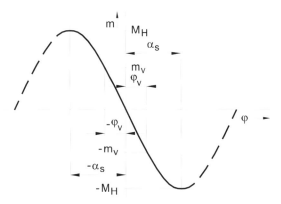

Bild 6.11 Abhängigkeit des Drehmomentes vom Drehwinkel

Das Haltemoment M_H ergibt sich bei Auslenkung um den Schrittwinkel α_s.

$$M_H = \frac{3}{2} Zp \cdot \hat{I}_s \cdot \hat{\Psi}_s \tag{6.18}$$

Dabei ist $\hat{\Psi}_s$ der verkettete Fluss für eine Polteilung (Feinzahnung) und $\hat{I}_s$ der Betrag des Ständerstromvektors. Der Schrittmotor verhält sich wie ein Feder-Masse-System. Das Motormoment ist abhängig vom Winkel φ:

$$m_M = M_H \sin\varphi \tag{6.19}$$
mit $\varphi \leq \pm\alpha_S$

Je nach Belastungsmoment $\pm m_v$ stellt sich ein Verdrehwinkel $\varphi_v \leq \alpha_s$ ein.

6.4.2 Betriebsverhalten des Schrittantriebes

Bei Vorgabe einer Schrittfolge konstanter Frequenz und definierter Richtung erfolgt über die Sollwerterzeugung (Bild 6.8) die schrittweise Vorgabe der drei Sollwerte für die Strangströme i_u, i_v und i_w (Bild 6.9). Der Läufer führt jeden Schritt in einer schwingenden Bewegung (Bild 6.12) aus.

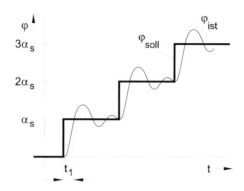

Bild 6.12 Zeitlicher Verlauf von Soll- und Istdrehwinkel

Das Weiterschalten zum nächsten Schritt (Ständerstromvektor $\hat{I}_s$) darf frühestens zum Zeitpunkt t_1 erfolgen, wenn der Läufer den vorangegangenen Schritt ausgeführt hat. Die Eigenfrequenz, mit welcher der Läufer dem Ständerdrehfeld oszillierend folgt, beträgt

$$f_{eig} = \frac{1}{2\pi}\sqrt{\frac{M_H}{J_{ges}}} \qquad (6.20)$$

mit M_H nach Gl. (6.16) und dem Gesamtträgheitsmoment J_{ges} des Schrittantriebes. Je nach Baugröße des Schrittantriebes liegt die Eigenfrequenz im Bereich von 60 Hz bis 200 Hz. Der Schrittmotor besitzt noch weitere höherfrequente Eigenfrequenzen, die u. a. von der Zahnung des Ständers und Läufers herrühren /7.3/. Bei quasistationärem Betrieb des Schrittantriebes kommt es bei Drehzahlen, bei denen auch die Last Resonanzstellen aufweist, zu Schwingungen, die zu Schrittfehlern führen können. Deshalb ist eine sorgfältige Anpassung der Last an den Schrittmotor erforderlich bzw. es sind diese kritischen Drehzahlen im stationären Betrieb zu meiden.

Die stationäre Drehzahl-Drehmoment-Kennlinie ist in qualitativer Form aus Bild 6.13 ersichtlich.

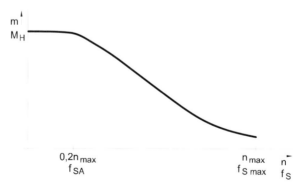

Bild 6.13 Stationäre Drehmoment-Drehzahl/Schrittfrequenz-Kennlinie eines Hybridschrittantriebes

Der Zusammenhang zwischen Schrittfrequenz f_s und der Drehzahl des Antriebes ist

$$n = \frac{\alpha_s}{360°} \cdot f_s \cdot 60 \qquad (6.21)$$

Im Bereich bis ca. 0,2 n_{max} steht das Haltemoment M_H zur Verfügung. Die Schrittfrequenz kann für Start-Stopp-Betrieb sprungförmig vorgegeben werden. Dabei ist f_{SA} die maximale Startfrequenz. Wie aus Bild 6.13 ersichtlich, nimmt das verfügbare Drehmoment oberhalb von 0,2 n_{max} stark ab. Dieser Effekt ist auf die hohe Polzahl des Schrittmotors und die endliche Anregelzeit des Stromregelkreises zurückzuführen. In diesem Frequenzbereich gelingt es nicht mehr, den Ständerstromvektor $\hat{I}_s \approx M_H$ einzuprägen. Zur Nutzung dieses Bereiches muss die Schrittfrequenz durch Anstiegsfunktionen in der Impulserzeugerstufe (Bild 6.8) vorgegeben werden. Mit den Anstiegsfunktionen wird das dynamische Moment m_{dyn} (Gl. (3.14)) zum Beschleunigen und Bremsen auf Werte unterhalb der Grenzkennlinie reduziert. Ein Vergleich mit Bild 5.21 zeigt die begrenzten Möglichkeiten des Schrittantriebes gegenüber den Drehstromservoantrieben. Der Schrittantrieb ist im Gegensatz zum Servoantrieb nicht überlastbar. Der Antrieb muss ständig durch Einprägung von $\hat{I}_s$ bestromt werden. Dagegen ist der Ständerstromvektor beim Drehstromservoantrieb in der Amplitude direkt von der jeweiligen Drehmomentbelastung an der Motorwelle abhängig. Die einfache Steuerelektronik des Schrittantriebes kann jedoch bei reinen Positionieraufgaben zu Vorteilen gegenüber dem drehzahlgeregelten Servoantrieb führen.

6.5 Mechatronische Antriebssysteme

Die hohe Dynamik der drehzahlgeregelten Drehstromservoantriebe erfordert, wie in Abschnitt 6.2 erläutert, eine ganzheitliche Betrachtung des kompletten Antriebssystems. Durch die notwendige Verschmelzung von elektrischen und mechanischen Antriebskomponenten bzw. den Wegfall verschiedener Baugruppen eröffnen sich damit vielfältige neue Lösungsmöglichkeiten für die Antriebstechnik.

Die hohe Packungsdichte leistungselektronischer Schaltungen (Modulbauweise) und die Leistungsfähigkeit von Mikrorechnern und DSP im Echtzeitbetrieb erlauben es, die gesamte Elektronik jedem Servoantrieb zuzuordnen. In Bild 6.14 ist ein derartiger autonomer Servoantrieb dargestellt.

Die Elektronik umfasst den Eingangsgleichrichter mit Anlaufschaltung zur Bereitstellung der Zwischenkreisspannung, den Pulswechselrichter, die Stromversorgung für alle elektronischen Komponenten über DC/DC-Wandler, den Mikrocontroller mit schnellen A/D-Wandlern oder DSP für die Auswertung der Messgrößen (Motorstrom, Rotorgeschwindigkeit und Rotorlage), die Regler für Strom, Drehzahl und Winkellage und die Bildung der Schaltsignale für die IGBT gemäß den Steuervorgaben der feldorientierten Regelung, die Treiberschaltung für die IGBT mit Schutzfunktionen für die Bauelemente und den

Havarieschutz für den kompletten Antrieb. Damit kommt es zu einer Verlagerung der Intelligenz von der übergeordneten Steuerung zum Servoantrieb. Bei dieser funktionellen Dezentralisierung erfolgt die Kopplung der einzelnen intelligenten Bewegungsachsen von der zentralen Steuerung über ein Bussystem (CAN-Bus, Profibus DP, Ind. Ethernet) und einige analoge und digitale Ein-/Ausgänge. Die Antriebselektronik und der Servomotor sind aber meist räumlich noch getrennt.

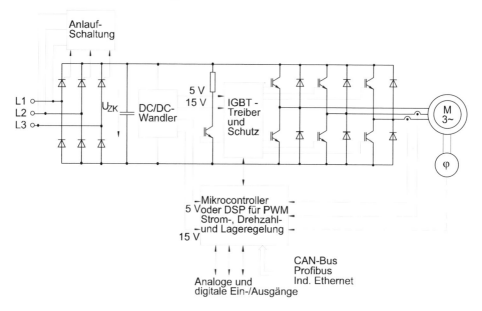

Bild 6.14 Intelligenter Servoantrieb

In einem zweiten Schritt kann man die Elektronik auch räumlich mit dem Motor verbinden. Die Elektronik muss in der Aufbauform und bei den Umweltbedingungen (Umgebungstemperatur, Stoßbelastung) den Anforderungen, denen der Motor ausgesetzt ist, entsprechen. Hier kann man von Mechatronik, der Verschmelzung der Mechanik mit der Leistungselektronik und der Informatik, also der vollständigen Integration der Antriebselektronik in das Motorgehäuse, sprechen.

- Mechanik: Umwandlung elektrischer Energie in mechanische Bewegung (translatorisch/rotatorisch)
- Leistungselektronik: Energieflusssteuerung, Parameterwandlung der elektrischen Energie, Schutzfunktion für die IGBT
- Informatik: Zustandserfassung Regelung der Prozessgrößen Weg, Geschwindigkeit, Kraft

Bei der mechatronischen Lösung (Bild 6.15) ist jedem an der Bewegungssteuerung beteiligten Servoantrieb die erforderliche Intelligenz zugeordnet. Die Koordinierung der Einzelbewegungen erfolgt in der zentralen Steuerung über ein leistungsfähiges Signalbussystem. Ein zentraler Gleichspannungszwischenkreis (U_{ZK}=48 V oder U_{ZK}=600 V) versorgt alle Antriebsachsen. Die Ein-/Rückspeiseeinheit garantiert eine minimale Netzrückwirkung in das 400-V-DS-Netz.

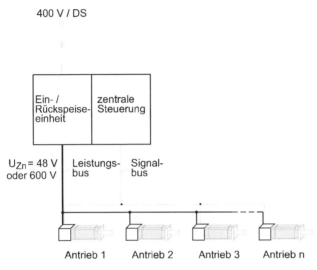

Bild 6.15 Dezentrales intelligentes Antriebssystem

Durch die Platzierung der einzelnen Antriebe direkt am Wirkungsort vereinfacht sich die Montage und Installation im Automatisierungssystem erheblich und der Schaltschrankaufwand wird minimiert.

Bild 6.16 zeigt einen derartigen dezentralen Antrieb. Im Gehäuse des Antriebsmotors sind neben der Haltebremse und den Messsystemen für die Regelkreise auch der komplette Pulswechselrichter einschließlich der digitalen Regeleinrichtung und der Stromversorgung der Elektronik integriert. Insbesondere für die elektronischen und leistungselektronischen Baugruppen ergeben sich daraus erhöhte Anforderungen hinsichtlich der Umgebungsbedingungen (Temperatur, Stoßbelastung etc.). Über die Steckanschlüsse wird die Zwischenkreisspannung U_{ZK} des Pulswechselrichters als Leistungsbus angeschlossen. Ein Signalbus sichert die Kommunikation mit der zentralen Steuerung und sendet oder empfängt die notwendigen Daten für das Gesamtsystem.

Neben der Vereinfachung der Verbindungstechnik zwischen der zentralen Automatisierungseinrichtung und den Antrieben ergeben sich aus der Verlagerung der „Intelligenz" zum Einzelantrieb auch vielfältige Möglichkeiten zur Erhöhung der Flexibilität des Gesamtsystems. Der Kompaktantrieb ist damit als Aktor des mechatronischen Systems zu betrachten und bildet eine in sich voll funktionsfähige Systemkomponente. Die Parameter der Bewegungsführung des Kompaktantriebes sind direkt als Programm im Gerät hinterlegbar.

Bild 6.16 Kompaktantrieb (Siemens, POSMO)

Neuartige Antriebslösungen sind auch mit hochpoligen so genannten „Torquemotoren" möglich. Man unterscheidet die Varianten Einbau- und Komplett-Motor. Das hohe Drehmoment entsteht durch den großen Läuferdurchmesser der hochpoligen permanenterregten Synchronmaschine.

Bild 6.17 zeigt die Baugruppen Ständer und Läufer eines Torquemotors, der für den direkten Einbau in eine Werkzeugmaschine vorgesehen ist.

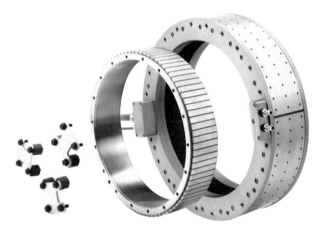

Bild 6.17 Einbau-Torquemotor (1FW6, Siemens)

Die in Bild 6.17 unten links sichtbaren drei Bauteile dienen zur Fixierung von Läufer und Ständer während des Transportes. Der geblechte Ständer trägt die 3-phasige Drehstromwicklung und zur besseren Abfuhr der Verlustwärme ist ein Flüssigkeitskühler direkt mit

6.5 Mechatronische Antriebssysteme

dem Ständerpaket verbunden. Der Läufer ist eine zylindrische Hohlwelle aus Stahl, die am Umfang mit Permanentmagneten bestückt ist.

Für den Einbau in die Maschinenkonstruktion haben Ständer und Läufer beidseitig Flansche mit Zentrierrand und Gewindebohrungen. Zur Komplettierung der beiden Baugruppen zu einem Antriebsmotor sind zusätzlich ein Lager für den Läufer und ein Messsystem notwendig.

Das außen liegende Ständerpaket wird in die Werkzeugmaschine eingebaut und der mit Permanentmagneten bestückte Läufer mit der Dreh- oder Schwenkachse verbunden. Durch die hochpolige Ausführung des Motors ist eine spielfreie Positionierung der Achsen mit hoher Genauigkeit ohne zusätzliche Getriebekomponenten möglich.

Komplett-Torquemotoren mit innen liegendem Läufer besitzen ein Gehäuse mit integriertem Kühlsystem im Ständer. Sie werden über Flansche mit Zentrierrand und Gewindebohrungen ebenfalls ohne zusätzliche mechanische Übertragungselemente in die Maschinenkonstruktion eingebettet.

Einen Komplett-Torquemotor als Außenläufer zeigt Bild 6.18. Diese Variante wird als getriebeloser Aufzugsmotor eingesetzt.

Bild 6.18 Synchronaufzugsmotor (WITTUR Electric Drives)

Die Treibscheibe für das Aufzugsseil ist formschlüssig mit dem außen liegenden Rotor der Synchronmaschine verbunden. Ein Sicherheitssystem mit doppelter Klemmzange an der Bremsscheibe ist ebenfalls integriert. Diese kompakte Bauweise vereinfacht die Montage des Antriebes am Aufzugsschacht und bietet einen ruckfreien Fahrbetrieb.

Kompakte Torquemotoren kommen auch als Elektroantriebe in Hybridfahrzeugen in der Betriebsart Treiben und Bremsen zum Einsatz. Der begrenzte Bauraum und die Umgebungsbedingungen unmittelbar am Verbrennungsmotor des Fahrzeuges erfordern eine robuste fahrzeuggerechte Bauweise.

Bild 6.19 Kompletter elektrischer Antrieb für Hybridfahrzeuge (Compact Dynamics)

Bild 6.19 zeigt einen kompletten Asynchronmaschinenantrieb, der für den direkten Anbau am Verbrennungsmotor geeignet ist /6.11/. Gegenüber der bei Drehfeldmaschinen üblichen Einziehwicklung wird die Ständerwicklung mit rechteckförmigen Formstäben ausgeführt. Dadurch ergibt sich ein höherer Kupferfüllfaktor pro Nut. Das führt zu kleineren Ständerwicklungswiderständen und damit zur Reduzierung der Ständerverlustleistung. Durch die Formstabwicklung wird auch die axiale Wickelkopflänge minimiert.

Die leistungselektronischen Komponenten des Pulswechselrichters einschließlich Ansteuerung und Zwischenkreiskondensator (Folienkondensator) sind als dünner Ring von ca. 10 mm Dicke gemeinsam mit dem Kühlmantel für den Ständer um die Maschine gelegt. Als Kühlmittel wird der Verbrennungsmotor-Kühlkreislauf benutzt.

Die Spulengruppen der Ständerwicklung werden jeweils mit einem Wechselrichtermodul elektrisch verbunden. Der Ausschnitt in Bild 6.19 zeigt die Komponenten eines Teilwechselrichters. Die Parallelschaltung der Teilwechselrichter (im Bild 6.19 sechs Segmente) erfolgt über die Steuerung der Wechselrichter. Durch die direkte Verbindung der Teilwechselrichter zu den Spulengruppen wird der Schaltstrom pro Wechselrichterventil auf 1/6 des gesamten Ständerstrangstromes der Asynchronmaschine reduziert.

Elektrische Schnittstellen des Kompaktantriebes sind die Zwischenkreisspannung (z. B. 42 V-Bordnetz) und eine genormte Steuerungsschnittstelle (z. B. CAN-Bus).

7 Auswahl von Servoantrieben

7.1 Allgemeine Auswahlkriterien

Ausgangspunkt einer Antriebsauswahl sind die Anforderungen, die an den Antrieb im konkreten Einsatzfall gestellt werden. Diese Anforderungen wurden in Kapitel 2 für die verschiedenen technologischen Prozesse analysiert. Bei optimaler Anpassung des mechanischen Übertragungssystems an den drehzahlgeregelten Servoantrieb nach den Gln. (3.15), (6.13) und (6.14) ergeben sich für die Einsatzfälle gemäß Gruppe I und II (vgl. Tabelle 2.1) unterschiedliche statische und dynamische Anforderungen.

Kennwerte der statischen Anforderungen sind:

- das erforderliche Drehzahl-Drehmoment-Kennlinienfeld (vgl. Bild 2.1)
- das kritische Belastungsspiel
- der Drehzahlstellbereich Gl. (2.3)
- die statische Genauigkeit Gl. (2.4), (2.5), (2.6) und
- die Dauer- und Kurzzeitleistung des Stromrichtergerätes (Gln. (2.1) und (2.2))

Kennwerte der dynamischen Anforderungen sind:

- die Kennkreisfrequenz $\omega_{0A} = 1/T_{0A}$ Gl. (4.25) zur Erzielung optimaler K_v-Werte
- das dynamische Moment m_{dyn} Gl. (3.19) zur Realisierung des notwendigen Beschleunigungsvermögens und
- der dynamische Kennwert C_{dyn} Gl. (3.36) bzw. die dynamische Leistung L Gl. (3.16) und (3.28).

Die in Kapitel 4 und 5 beschriebenen Antriebslösungen besitzen unterschiedliche statische und dynamische Kennwerte. Wie bereits in Abschnitt 5.4 erläutert, haben bei richtiger Einstellung der Strom- und Drehzahlregler die drehzahlgeregelten Servoantriebe die Führungsübertragungsfunktion eines Schwingungsgliedes. Die Kennkreisfrequenz ω_{0A} unterscheidet sich jedoch stark.

Welche Bereiche des erforderlichen Drehzahl-Drehmoment-Kennlinienfeldes gemäß Bild 2.1 mit Gleich- und Drehstromstellantrieben realisierbar sind, ist aus Bild 5.21 ersichtlich. Die Grenzkennlinie 1 (vergleichbar Betriebsart (S1)) wird von der zulässigen Erwärmung der Servomotoren bestimmt. Während bei Gleichstromantrieben der Kommutierungsapparat maßgeblich das Dauerdrehmoment im gesamten Drehzahlbereich beeinflusst, ist bei Drehstromservomotoren das Dauerdrehmoment quasi im gesamten Drehzahlstellbereich verfügbar. Die Maximaldrehzahl wird hauptsächlich vom Frequenz-Spannungs-

Stellbereich des Pulsumrichters bestimmt. Ein Betrieb mit reduziertem Fluss ist laut Anforderungscharakteristik nicht zulässig.

Die Grenzkennlinie des Bereiches 2 ist ebenfalls durch die kurzzeitige Überlastbarkeit der Servomotoren gegeben. Der Stromrichter muss so ausgelegt werden, dass die mechanische Ausgangsleistung P_{st1} (Gl. (2.1)) vom Stromrichtergerät als Dauerleistung verfügbar ist.

Die Grenzkennlinie des Bereiches 3 und damit die Kurzzeitleistung P_{st2} (Gl. (2.2)) für dynamischen Betrieb mit einer Betriebszeit $t_B < 0{,}5$ s beeinflusst bei Gleichstromservoantrieben ebenfalls der Kommutierungsapparat. Bei Drehstromservoantrieben ist die Kurzzeitleistung P_{st2} proportional der Spitzenleistung des Pulswechselrichters (übliche Werte: 2- bis 3-fache Überlastbarkeit). Die Zwischenkreisspannung U_{ZK} und das zulässige Maximalmoment der Drehstromservomotoren sind weitere Faktoren zur Begrenzung der Überlastbarkeit der Antriebe im Bereich 3.

Auch beim Vergleich wichtiger konstruktiver Kenngrößen wie Drehmoment M_{dN}/Motormasse, Drehmoment M_{dN}/Motorvolumen oder C_{dyn} nach Gl. (3.36) ergeben sich bei Drehstromservoantrieben die besseren Werte.

Während die Verwendung von Gleichstromservoantrieben stagniert und nur noch ausgewählte Anwendungsgebiete betrifft (z. B. Drahtverseilmaschinen mit rotierendem Verseilkorb), erschließen sich der Drehstromservoantriebstechnik immer neue Anwendungsfelder. Einige innovative Anwendungsgebiete in der Automatisierungstechnik und im Kraftfahrzeug wurden im Abschnitt 6.5 aufgezeigt. Die weiteren Betrachtungen zur Antriebsauswahl betreffen deshalb ausschließlich diese Antriebstechnik. Auch zu den im Abschnitt 6.4 behandelten Hybridschrittantrieben erfolgen keine weiteren Aussagen zur Antriebsauswahl.

7.2   Schritte der Antriebsauswahl

Die optimale Auslegung eines Antriebes ist aufgrund der Komplexität des Problems nur in einem iterativen Verfahren möglich. In Bild 7.1 sind alle wesentlichen Schritte der Antriebsauswahl als Flussdiagramm dargestellt. Ausgangspunkt ist die Analyse des konkreten Einsatzfalles. Je nach Zuordnung zur Gruppe I oder II (vgl. Kapitel 2) sind die wesentlichen statischen und dynamischen Parameter der Antriebsachse bezogen auf den zu steuernden technologischen Prozess abzuleiten. Es folgen die Festlegung der mechanischen Umsetzeinheit Translation/Rotation (vgl. Bild 3.2) und die Wahl der Antriebsart.

7.2 Schritte der Antriebsauswahl

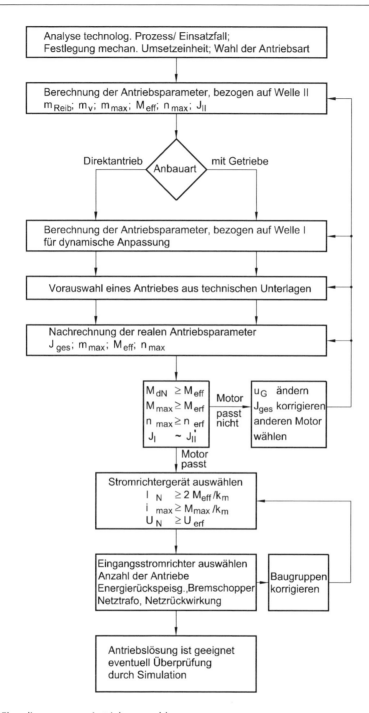

Bild 7.1 Flussdiagramm zur Antriebsauswahl

Nunmehr werden alle für die Antriebsauswahl relevanten Parameter, bezogen auf die Welle II, berechnet. Bei der Bestimmung des Reibmomentes m_{Reib} sind die gewählte Umsetzeinheit, die Abdeckung der Führungsbahn und eine eventuell erforderliche Kabelschleppvorrichtung zu berücksichtigen. Hier sei auch auf die ausführlichen Angaben zu Vorschubantrieben an Werkzeugmaschinen in /6.4/ und /6.5/ verwiesen. Bei bekanntem kritischen Lastspiel kann aus den Angaben $m_{Reib}(t)$, $m_v(t)$ und $m_{max}(t)$ ein für die Zykluszeit t_z geltendes Effektivmoment berechnet werden.

$$M_{eff} = \sqrt{\frac{1}{t_z} \sum_{i=1}^{n} m_i^2(\Delta t_i) \cdot \Delta t_i} \qquad (7.1)$$

In guter Näherung gilt für das Zeitintervall Δt_i

$$M_i(\Delta t_i) = M_i = \text{konst.} \qquad (7.2)$$

Dies gilt sowohl für m_{Reib} und m_v als auch für m_{max} zur Realisierung der erforderlichen Beschleunigungs- und Bremszeiten von 0 auf n_{max} bzw. umgekehrt. Eine Drehzahlabhängigkeit $m(n)$ ist nur bei Gleichstromservoantrieben zu berücksichtigen. Insbesondere bei Synchronservoantrieben ist das verfügbare Drehmoment m_i praktisch über den gesamten Drehzahlbereich konstant (vgl. Bild 5.21).

Nun muss über die Anbauart für den Antrieb entschieden werden. Je nach der Auswahl Direktantrieb oder Antrieb mit Getriebe werden bei Einsatz eines Getriebes die Antriebsparameter bezogen auf Welle I berechnet. Die Getriebeverluste müssen über den Wirkungsgrad η_G für die Betriebsarten Treiben und Bremsen bei den einzelnen Drehmomentanteilen $m_i(\Delta t_i)$ berücksichtigt werden. Richtwerte für den Wirkungsgrad verschiedener Getriebeausführungen sind in Tabelle 7.1 angegeben.

Tabelle 7.1 Wirkungsgrad von Getrieben

Getriebetyp	Wirkungsgrad η_G
Zahnriemen 1-stufig	0,95 … 0,97
Zahnradgetriebe 1-stufig	0,9 … 0,95
Zahnradgetriebe mehrstufig	0,8 … 0,88
Planetengetriebe 2/1-stufig	0,88 … 0,94
Zykloidengetriebe 1-stufig	0,85 … 0,9
Harmonic Drive	0,8 … 0,9

Bei der Berechnung von n_{max} für die Betriebsarten Treiben (Beschleunigung von 0 auf n_{max}) oder Bremsen (von n_{max} auf 0) wird von der dynamischen Anpassung nach den Gln. (3.23) und (3.24) ausgegangen. Für die Zykluszeit t_z kann damit das erforderliche Effektivmoment M_{eff} nach Gl. (7.1) berechnet werden.

7.2 Schritte der Antriebsauswahl

Nun erfolgt eine Vorauswahl eines Antriebsmotors aus den technischen Unterlagen der Antriebshersteller. Dabei gelten folgende Auswahlkriterien:

$$M_{eff} \leq M_{dN\,Antrieb} \tag{7.3}$$

$$M_{max} \leq M_{max\,Antrieb} \tag{7.4}$$

$$n_{max} \leq n_{max\,Antrieb} \tag{7.5}$$

$$J_I \approx J_{II}' \tag{7.6}$$

Diese Auswahlkriterien gelten in guter Näherung für Servomotoren mit eisenbehaftetem Läufer bzw. Sekundärteil (Bild 4.2a, Bild 5.4 und Bild 5.17) für Belastungsspiele mit einer Zykluszeit von $t_z \leq 5$ min. Die thermische Zeitkonstante liegt bei diesen Motoren meist im Bereich oberhalb von 15 bis 20 min.

Für eisenlose Läuferausführungen sind dagegen aus thermischen Gründen nur wesentlich kürzere Zykluszeiten zulässig. Bei diesen Antrieben erfolgt zum thermischen Motorschutz meist eine $i^2 \cdot t$-Überwachung der Motorströme im Stromregelkreis.

Im nächsten Schritt werden nun mit dem realen Wert des Antriebsträgheitsmomentes J_I die erzielbaren Antriebsparameter berechnet. Werden die Gln. (7.3) bis (7.6) erfüllt, so ist der Antrieb geeignet. Ansonsten muss die Auswahl mit geänderten Parametern (z. B. u_G, J_I oder J_{II}) wiederholt werden. Hat dieser iterative Prozess zu einem sehr gut geeigneten Antriebsmotor geführt, ist das Stromrichtergerät (Pulswechselrichter) auszuwählen. Viele Antriebshersteller bieten die Stromrichter bereits passfähig zum Servomotor an. In Anlehnung an Gl. (2.1) wird dabei meist von einem Nennstrangstrom, der dem doppelten Nennstrom des Antriebsmotors entspricht, ausgegangen. Für die dynamisch hochwertigen Anwendungen ist vielfach als Spitzenwert der 3-fache Nennstrom des Motors für t = 0,2 s bei einer Spieldauer von 10 s zugelassen. Falls die Passfähigkeit vom Antriebshersteller nicht angeboten wird, müssen die erforderlichen Strom- und Spannungsparameter des Stromrichters ausgehend von den Motorparametern M_{dN}, M_{max} und n_{max} bestimmt werden. Bei der Festlegung der Nennstrangspannung U_N ist eine ausreichende Spannungsreserve zur Realisierung des Maximalmomentes M_{max} bei n_{max} vorzusehen. Das Gleiche gilt für die maximale Ausgangsfrequenz des Pulswechselrichters.

Passfähig zum Pulswechselrichter ist der rückspeisefähige Eingangsstromrichter (vgl. Abschnitt 5.2.2.2) auszuwählen. Die übliche Zwischenkreisspannung beim Betrieb am 400-V-Drehstromnetz beträgt U_{ZK} = 600 V bis 700 V. Je nach Anzahl der am Zwischenkreis betriebenen Pulswechselrichter gilt für die Anschlussleistung des Eingangsstromrichters:

$$\begin{aligned} P_{EIN} &= 1{,}4 \cdot P_{WR} \text{ bei 2 Achsen,} \\ P_{EIN} &= 2{,}1 \cdot P_{WR} \text{ bei 3 Achsen,} \\ P_{EIN} &= 2{,}8 \cdot P_{WR} \text{ bei 4 Achsen usw.,} \\ P_{EIN} &= 0{,}7 \cdot k \cdot P_{WR} \text{ mit } k=2,3,4\ldots n \text{ als Anzahl der Achsen.} \end{aligned} \tag{7.7}$$

Dabei ist $P_{WR}=P_{StI}$ nach Gl. (2.1) die Nennausgangsleistung des Pulswechselrichters.

Bei abweichender Netzspannung ist ein Vorschalttrafo zur Spannungsanpassung erforderlich. Für die Sekundärleistung des Transformators gelten die gleichen Richtwerte wie für den Eingangsstromrichter.

Je nach Einsatzgebiet ist auch über die Frage der Energierückspeisung aus der Arbeitsmaschine (z. B. Werkzeugmaschine, Verseilmaschine) zu entscheiden. Im Havariefall wird die gesamte in jeder Antriebsachse enthaltene kinetische Energie in den Spannungszwischenkreis zurückgespeist. Der rückspeisefähige Eingangsstromrichter (vgl. Bild 5.8) führt die Bremsenergie dem Eingangsnetz zu. Der als Hoch-Tiefsetzsteller arbeitende Stromrichter verursacht Netzrückwirkungen. Zur Einhaltung der Normwerte nach EN 61000 für die Oberschwingungen der Netzströme und nach EN 55022 für die EMV sind passive Netzfilter erforderlich.

Wird ein ungesteuerter Eingangsstromrichter verwendet (Bild 4.5), so wandelt der Bremschopper im Kurzzeitbetrieb die rückgespeiste Energie in Wärme um. Auch beim rückspeisefähigen Eingangsstromrichter muss für die Havariesituation – Netzausfall – ein Bremschopper vorgesehen werden.

Die vom Eingangsstromrichter generierte Zwischenkreisspannung U_{ZK} kann bevorzugt auch als Eingangsspannung für das den Servoantrieben übergeordnete Steuerungssystem genutzt werden. Damit wird es möglich, bei Havariesituationen die von den einzelnen Servoantrieben in den Zwischenkreis zurückgespeiste Energie zur Sicherung der Spannungsversorgung des Steuerungssystems bis zum Stillstand des Maschinenkomplexes zu nutzen.

Nach richtiger Projektierung aller Komponenten entsprechen die statischen und dynamischen Parameter der Antriebslösung den Anforderungen des Einsatzfalles. Bezüglich der Passfähigkeit der mechanischen Komponenten mit dem elektrischen Teil des Antriebes ist eine Simulation des komplexen Antriebes sinnvoll. Bei den erläuterten iterativen Auswahlverfahren wurde von einem starren mechanischen System ausgegangen. Für die Anpassung der mechanischen Komponenten an den elektrischen Antrieb gelten Richtwerte gemäß den Gln. (6.13) und (6.14). Entscheidenden Anteil am Übertragungsverhalten des kompletten Antriebes haben jedoch die einzelnen mechanischen Übertragungsglieder mit ihren Trägheitsmomenten und Eigenfrequenzen. Die Analyse des realen Übertragungsverhaltens ist nur durch digitale Simulation möglich.

Die Ermittlung der Modellparameter für die mechanischen Komponenten ist mit unterschiedlichen Verfahren und Methoden durchführbar (/7.1/, /7.2/, /7.3/). Im Ergebnis der Simulation können konstruktive Änderungen an den mechanischen Komponenten notwendig werden bzw. es müssen die Eigenfrequenzen durch Filter im Drehzahlregelkreis bzw. Stromregelkreis unterdrückt werden /6.5/.

7.3 Beispiele für die Antriebsauswahl

An je einem Einsatzfall von Synchronservoantrieben für die Gruppe I und II (vgl. Kapitel 2) soll das Auswahlverfahren verdeutlicht werden. Basis für die Anforderungen an den Antrieb bilden die Beispiele 3.1 und 3.2 im Kapitel 3.

7.3.1 Auswahl des Antriebes für eine Vorschubachse

Bei der Werkzeugmaschine handelt es sich um ein Bearbeitungszentrum mit u. a. fünf Vorschubachsen. Davon sind drei Linearachsen mit Schraubtrieb (x-, y-, z-Achse) und zwei Dreh- bzw. Schwenkachsen mit Torquemotoren (A- und B-Achse). Beispielhaft erfolgt die Antriebsauswahl für eine Linearachse der Werkzeugmaschine.

Alle Vorschubachsen werden an einem zentralen Zwischenkreis betrieben. Mit der Zwischenkreisspannung U_{ZK} werden auch der Spindelantrieb, Hilfsbetriebe wie Werkzeugwechsel usw. sowie die CNC-Steuerung versorgt. Der Eingangsstromrichter soll rückspeisefähig sein (vgl. Abschnitt 5.2.2.2).

In Anlehnung an das Flussdiagramm (Bild 7.1) wurden für ein kritisches, zyklisches Belastungsspiel und nach Festlegung der mechanischen Komponenten des Vorschubantriebes für den Fall der dynamischen Anpassung die Eckdaten für die Vorauswahl eines Antriebes zusammengestellt (vgl. Beispiel 3.1).

Dies betrifft folgende Parameter:

- Effektivmoment $M_{veff} = 12{,}6$ Nm
- Maximalmoment $M_{max} = 28{,}9$ Nm
- Maximaldrehzahl $n_{max} = 2927$ U/min
  das entspricht $\omega_{max} = 306{,}5$ rad/s
- maximale Beschleunigung der Motorwelle (Welle I) $\alpha_{max} = 3065$ rad/s²
- auf Welle I reduziertes Trägheitsmoment $J_{II}' = 43{,}4 \cdot 10^{-4}$ kgm²
- Motorträgheitsmoment $J_M = J_I - J_I' \approx 40 \cdot 10^{-4}$ kgm²
- Getriebeumsetzfaktor $u_G = 0{,}82$

Tabelle 7.2 Motorparameter

Nr.	n_N min^{-1}	M_{dN} Nm	I_N A	k_m Nm/A	k_e Vs	Zp	J_M kgm²	R_s Ω	L_s mH
1	3000	13	10	1,3	0,43	4	0,0030	0,8	6,1
2	3000	16,2	10,4	1,56	0,52	3	0,0013	1,4	13
3	3000	16	10,4	1,54	0,51	3	0,0027	0,6	6
4	3000	14	10,5	1,33	0,44	4	0,0014	0,5	8

Mit diesen Kennwerten wurden gemäß Gl. (7.3) bis (7.6) entsprechend den technischen Angaben im Herstellerkatalog vier Synchronservomotoren ausgewählt. Die wesentlichen Motorparameter sind in Tabelle 7.2 zusammengestellt.

Mit den realen Motorkennwerten werden nun die eingangs aufgeführten Parameter (Ergebnisse aus Beispiel 3.1) korrigiert und weitere Kenngrößen berechnet. Die ermittelten Daten für die vier Servomotoren sind aus Tabelle 7.3 ersichtlich.

Tabelle 7.3 Antriebskennwerte für die vier Servomotoren

Nr.	J_I kgm²	J_{II} kgm²	J_{ges} kgm²	M_{max} Nm	u_{Gopt}	u_{Gopt}/u_G	L_1 kW/s	L_2 kW/s
1	0,0034	0,0065	0,0077	25,6	0,72	0,88	167	41
2	0,0017	0,0065	0,0060	20	0,51	0,62	202	41
3	0,0031	0,0065	0,0074	24,7	0,69	0,84	169	41
4	0,0018	0,0065	0,0061	20,3	0,53	0,64	189	41

Die genannten Werte wurden wie folgt ermittelt:

- J_I - Summe aller Trägheitsmomente, mit Welle I rotierend
- J_{II} - Summe aller Ersatzträgheitsmomente, bezogen auf Welle II (vgl. Bild 3.2)
- J_{ges} - Trägheitsmoment nach Gl. (3.18)
- u_{opt} – optimaler Getriebeumsetzfaktor nach Gl. (3.23) für den jeweiligen Antriebsmotor
- u_G = 0,82 entsprechend Beispiel 3.1
- M_{max} – Maximalmoment des Antriebes in der Betriebsart Treiben gemäß Gl. (3.17) für η_{ges} = 0,92 entsprechend Beispiel 3.1, J_{ges} nach Tabelle 7.3
- L_1 – vom jeweiligen Servomotor aufzubringende dynamische Leistung nach Gl. (3.27)
- L_2 – dynamische Leistung zur Beschleunigung der Lastträgheit J_{II} nach Gl. (3.28)

Ein Vergleich der Werte in Tabelle 7.3 zeigt, dass die Motoren Nr. 1 und 3 am besten für diesen Einsatzfall geeignet sind. Der optimale Getriebeumsetzfaktor liegt relativ nahe beim Umsetzfaktor u_G = 0,82 und damit entspricht auch die vom Servomotor aufzubringende dynamische Leistung L_1 fast dem Minimum von 4·L_2=164 kW/s. Infolge des kleineren Gesamtträgheitsmomentes ist das in Tabelle 7.3 angegebene Maximaldrehmoment M_{max} kleiner als im Beispiel 3.1 berechnet. Es entspricht etwa dem doppelten Effektivmoment M_{veff}.

Als nächster Schritt erfolgt die Auswahl des Pulswechselrichters für die beiden ausgewählten Motoren. Als zentrale Zwischenkreisspannung wird U_{ZK} = 600 V angenommen. Entsprechend Gl. (2.1) wird der Pulswechselrichter für den doppelten Wert des Strangstromes, der dem Effektivmoment M_{veff} entspricht, ausgelegt. Damit kann der Bereich 2 des Drehzahl-Drehmoment-Kennlinienfeldes (vgl. Bild 2.1 und Bild 5.21) für Vorschub-

7.3 Beispiele für die Antriebsauswahl

drehmomente lt. Belastungsspiel uneingeschränkt genutzt werden. Die für Beschleunigungsvorgänge notwendigen Drehmomente M_{max} liegen ebenfalls im Bereich 2.

Für Motor Nr. 1 gilt:

$I_N = 2 \cdot M_{veff}/k_m = 19{,}4 \text{ A} \approx 20 \text{ A}$

und für Motor Nr. 3:

$I_N = 16{,}4 \text{ A} \approx 17 \text{ A}$

Nunmehr muss überprüft werden, ob die vom Pulswechselrichter generierbare Strangspannung U_{serf} (Effektivwert) ausreicht, um den Maximalstrom I_{Smax} (Effektivwert) bei Maximaldrehzahl in den Motor einzuprägen. In diesem Beispiel entspricht, wie erläutert, der Maximalstrom dem Nennstrom des Pulswechselrichters.

Unter der Annahme, dass die Ausgangsspannungen des Pulswechselrichters durch Raumzeigermodulation (vgl. Abschnitt 5.2.2.1) aus der Zwischenkreisspannung erzeugt werden, gilt nach Gl. (5.21) für den maximalen Effektivwert der Strangspannung

$$U_{smax} = \frac{\hat{U}_{AN1}}{\sqrt{2}} = \frac{1}{\sqrt{2}\cdot\sqrt{3}} \cdot U_{ZK} = 245 \text{ V}. \tag{7.8}$$

Nach Gl. (5.37) kann die erforderliche Strangspannung U_{Serf} zur Einprägung von I_{Smax} bei der Winkelgeschwindigkeit $\omega_{max} = 2\pi n_{max}$ für die beiden Stellmotoren berechnet werden. Dabei ist R_S der gesamte Strangwiderstand und L_S die Stranginduktivität. Neben den Kenngrößen der Motoren (vgl. Tabelle 7.1) sind beim Strangwiderstand auch die Widerstände der Motorleitung, des eingeschalteten IGBT-Ventils und Leitungswiderstände im Pulswechselrichter bis zum Zwischenkreis zu berücksichtigen. Zusätzliche Induktivitäten ergeben sich durch die dem Eingangsstromrichter PSR vorgeschalteten Speicherinduktivitäten (s. Bild 5.8). Bei genügend großer Zwischenkreiskapazität kann man diese jedoch vernachlässigen.

Als Zusatzwiderstand wird für eine Motorleitung von 20 m Länge mit einem Leitungsquerschnitt von 1,5 mm² und dem Innenwiderstand des Pulswechselrichters insgesamt $R_{Szusatz} = 0{,}5 \text{ }\Omega$ angenommen.

Die Polradspannung U_p kann nach Gl. (5.31) und die Ständerkreisfrequenz ω_{smax} nach Gl. (5.26) berechnet werden. Damit gilt für den Motor Nr. 1:

$R_S = 1{,}3 \text{ }\Omega; L_S = 6{,}1 \text{ mH}; U_p = 133 \text{ V}$
$\omega_{smax} = 1226 \text{ rad/s}; f_{smax} = 195 \text{ Hz}$

Für den Motor Nr. 3 ergibt sich:

$R_S = 1{,}1 \text{ }\Omega; L_S = 6 \text{ mH}; U_p = 157 \text{ V}$
$\omega_{smax} = 920 \text{ rad/s}; f_{smax} = 146 \text{ Hz}$

Setzt man diese Werte in Gl. (5.37) ein, so ergeben sich folgende erforderliche Strangspannungen:

- Motor Nr. 1: U_{serf}=218 V < U_{smax}=245 V
- Motor Nr. 3: U_{serf}=199 V < U_{smax}=245 V

Bei beiden Motoren ist ein ausreichende Spannungsreserve zur Stromeinprägung vorhanden. Die Entscheidung, welcher der beiden Motoren im Vorschubantrieb zum Einsatz kommt, hängt natürlich noch von weiteren Faktoren, wie Kosten, Einbaumaße etc., ab. Das Beispiel sollte auch nur die prinzipielle Vorgehensweise bei der Auswahl gemäß Bild 7.1 demonstrieren. Für den Motor Nr. 1 ist ein Pulswechselrichter mit

$I_N \geq 20$ A bei U_{ZK}=600 V

und für den Motor Nr. 3 mit

$I_N \geq 17$ A bei U_{ZK}=600 V

erforderlich, also quasi mit identischen Ausgangsgrößen. Die mit der Regeleinrichtung des Pulswechselrichters zu kompensierenden Zeitkonstanten (vgl. Tabelle 5.2) sind für Motor Nr. 1: τ_S=4,7 ms; τ_M=17,8 ms und für Motor Nr. 3: τ_S=5,5 ms; τ_M=10,3 ms. Die Filterzeitkonstanten sind abhängig von den eingesetzten Messsystemen für Strom und Drehzahl und der Rechnertaktzeit der Regeleinrichtung.

Abschließend müssen noch der rückspeisefähige Eingangsstromrichter (PSR) mit passivem Eingangsfilter, ein eventuell notwendiger Netztrafo und ein Bremschopper für Havariesituationen (z. B. Netzspannungsausfall) ausgewählt werden. Nach Gl. (2.1) ergibt sich für die stationäre Ausgangsleistung des Pulswechselrichters $P_{WR}=2 \cdot M_{veff} \omega_{max}$=7,72 kW. Zur Vermeidung von zusätzlichen Bahnabweichungen sollten alle Vorschubachsen etwa die gleichen statischen und dynamischen Eigenschaften aufweisen /6.3/. Dies bedeutet etwa gleiche Leistung der 5 Pulswechselrichter der Vorschubachsen. Aus dem Gleichzeitigkeitsfaktor und der Rückspeisung im Bremsbetrieb während des Bearbeitungsvorganges durch die 5 Vorschubachsen ergibt sich nach Gl. (7.7) für die Eingangsleistung des Pulsstromrichters (PSR) $P_{EIN} \approx 3,5 \cdot P_{WR}$=27 kW. Die Zwischenkreisspannung beträgt U_{ZK}=600 V. Da der Hauptantrieb (Spindelantrieb), weitere Hilfsachsen sowie die CNC-Steuerung meist ebenfalls am zentralen Zwischenkreis U_{ZK} angeschlossen sind, muss die Eingangsleistung des PSR entsprechend erhöht werden. Das Gleiche gilt für die Anschlussleistung des eventuell vorgeschalteten Netztrafos.

7.3.2 Auswahl des Antriebes für eine Handlingachse an einer Umformmaschine

Eine frei programmierbare Zuführ- und Entnahmevorrichtung von Werkstücken an einer Umformmaschine besteht aus je zwei Achsen. Mit der x-Achse wird das Werkstück der Maschine zugeführt bzw. entnommen. Die z-Achse dient zum Ablegen bzw. Anheben des

Werkstückes an den Endpunkten der x-Bewegung. Aus Bild 3.5 ist das Prinzip am Beispiel der Zuführung dargestellt. Die einzelnen frei programmierbaren Bewegungsabläufe der x- und z-Achsen müssen mit der Hauptbewegung des Stößels über eine elektronische Nockenleiste zeitlich koordiniert werden.

Die Basis für die Auswahl eines Antriebes für die x-Achse bilden die im Beispiel 3.2 für den Fall der dynamischen Anpassung berechneten Eckdaten. Die Bewegung der z-Achse (Absetzen bzw. Anheben des Werkstückes) erfolgt an den Endpunkten der x-Bewegungen.

Folgende Parameter wurden für die x-Achse ermittelt:

- Effektivmoment $M_{veff} = 33{,}5$ Nm
- Dynamisches Moment $M_{dyn} = 54{,}1$ Nm
- Maximalmoment beim Beschleunigen der x-Achse $M_{maxBe} = 63{,}3$ Nm
- Maximalmoment beim Bremsen der x-Achse $M_{maxBr} = 46{,}3$ Nm
- Maximaldrehzahl $n_{max} = 4345$ U/min
- das entspricht $\omega_{max} = 455$ rad/s
- Maximalbeschleunigung der Motorwelle (Welle I) $\alpha_{max} = 2273$ rad/s²
- Maximalbeschleunigung der Welle II $\alpha_2 = 125$ rad/s²
- Lastträgheitsmoment $J_{II} = 3{,}9342$ kgm²
- auf die Welle I reduziertes Lastträgheitsmoment $J_{II}' = 119 \cdot 10^{-4}$ kgm²
- Getriebeumsetzfaktor $u_G = 0{,}055$
- Motorträgheitsmoment $J_M = J_1 - J_G \approx 4{,}7 \cdot 10^{-4}$ kgm²
- Zykluszeit für eine Stellbewegung der x-Achse $t_z = 2{,}2$ s
- Hubzahl bei kontinuierlichem Betrieb $H \approx 27$ Hübe/min

Mit diesen Kennwerten wurden entsprechend den technischen Angaben im Herstellerkatalog 4 Synchronservomotoren ausgewählt. Die wesentlichen Motorparameter sind in Tabelle 7.4 zusammengestellt.

Tabelle 7.4 Motorparameter

Nr.	n_N min⁻¹	M_{dN} Nm	I_N A	k_m Nm/A	k_e Vs	Zp	J_M kgm²	R_s Ω	L_s mH
1	4500	42	54	0,78	0,26	3	0,0044	0,3	1,3
2	4500	37	39	0,95	0,32	4	0,0067	0,1	1,3
3	4500	35	38	0,92	0,31	4	0,0048	0,2	2
4	6000	37	60	0,62	0,21	3	0,0044	0,15	1,3

ˣ⁾ Motor Nr. 3 mit Wasserkühlung

Mit den realen Motorkennwerten werden nun einige der eingangs aufgeführten Parameter (Ergebnisse aus Beispiel 3.2) korrigiert und weitere Kenngrößen berechnet. Die ermittelten Daten für die vier Servomotoren sind aus Tabelle 7.5 ersichtlich.

Die genannten Werte wurden wie folgt ermittelt:

- J_1 – Summe aller Trägheitsmomente, mit Welle I rotierend
- J_{ges} – Gesamtträgheitsmoment nach Gl. (3.18)
- M_{dyn} – dynamisches Moment nach Gl. (3.14)
- M_{maxBe} – maximales Drehmoment zum Beschleunigen nach Gl. (3.7), Betriebsart Treiben mit $\eta_{ges} = 0{,}855$
- M_{maxBr} – maximales Drehmoment zum Bremsen nach Gl. (3.8) mit $\eta_{ges} = 0{,}855$
- M_{veff} – Effektivmoment für die Zykluszeit $t_z = 2{,}2$ s (vgl. Beispiel 3.2)
- u_{Gopt} – optimaler Getriebeumsetzfaktor nach Gl. (3.23) für den jeweiligen Antriebsmotor
- L_1 – vom jeweiligen Servomotor aufzubringende dynamische Leistung zur Beschleunigung der Lastträgheit nach Gl. (3.27) mit $L_2 = 61{,}5$ kW/s nach Gl. (3.28)

Tabelle 7.5 Antriebskennwerte für die vier Servomotoren

Nr.	J_1 kgm²	J_{ges} kgm²	M_{dyn} Nm	M_{maxBe} Nm	M_{maxBr} Nm	M_{veff} Nm	u_{Gopt}	L_1 kW/s
1	0,0116	0,0235	53,4	62,5	45,7	33	0,054	246
2	0,0139	0,0258	58,6	68,5	50,1	36,2	0,059	247
3	0,0120	0,0239	54,3	63,5	46,4	33,5	0,055	246
4	0,0116	0,0235	53,4	62,5	45,7	33	0,054	246

Ein Vergleich der Werte in den Tabellen 7.4 und 7.5 zeigt, dass der Motor Nr. 3 am besten geeignet wäre. Der Aufwand für die erforderliche Wasserkühlung des Servomotors muss dabei jedoch berücksichtigt werden. Scheidet eine Wasserkühlung aus, so sollte der Motor Nr. 2 gewählt werden. Der im Vergleich zu Nr. 1 und Nr. 4 geringere Motornennstrom hat unmittelbare Auswirkungen auf die erforderliche Nennleistung des Pulswechselrichters.

Im nächsten Schritt erfolgt die Auswahl des Wechselrichters für den Motor Nr. 2. Als zentrale Zwischenkreisspannung wird $U_{ZK} = 600$ V angenommen. Bei dem vorliegenden zyklischen Lastspiel ist es praktisch zulässig, den Pulswechselrichter mit einem Nennstrom, der dem Maximalmoment von 68,5 Nm für Beschleunigungen entspricht, auszulegen. Das ergibt eine stationäre Ausgangsleistung des Stromrichters, die leicht unter der Leistung nach Gl. (2.1) liegt.

Für den Motor Nr. 2 gilt:

$$I_N = I_{max} = M_{maxBe}/k_m \geq 72 \text{ A}.$$

Die stationäre Ausgangsleistung des Pulswechselrichters beträgt

$$P_{WR} = M_{maxBe} \cdot \omega_{max} = 31{,}2 \text{ kW}.$$

7.3 Beispiele für die Antriebsauswahl

Nunmehr muss überprüft werden, ob die vom Pulswechselrichter generierbare Strangspannung (Effektivwert) ausreicht, um den Maximalstrom I_{max} (Effektivwert) bei Maximaldrehzahl in den Motor einzuprägen.

Unter der Annahme, dass der Pulswechselrichter mit Raumzeigermodulation betrieben wird, ergibt sich analog zu Beispiel 7.3.1 die maximale Strangspannung nach Gl. (5.21) $U_{Smax} = 245$ V. Als Zusatzwiderstand im Ständerkreis wird für eine Motorleitung von 20 m Länge mit einem Leiterquerschnitt von 10 mm² und dem Innenwiderstand des Pulswechselrichters insgesamt $R_{Smax} \approx 0{,}15\ \Omega$ angenommen.

Damit gilt für den Motor Nr. 2:

$R_S = 0{,}25\ \Omega$; $L_S = 1{,}3$ mH; $U_p = 146$ V nach Gl. (5.31)
$\omega_{Smax} = 1820$ rad/s nach Gl. (5.26); $f_{Smax} = 290$ Hz

Setzt man diese Werte in Gl. (5.37) ein, ergibt sich die erforderliche Strangspannung von

$U_{Serf} = 236$ V $< U_{Smax} = 245$ V.

Die mit der Regeleinrichtung des Pulswechselrichters zu kompensierenden Zeitkonstanten (vgl. Tabelle 5.2) sind:

$\tau_S = 5{,}2$ ms; $\tau_M > 21{,}4$ ms.

Die Filterzeitkonstanten sind abhängig von den eingesetzten Messsystemen für Strom und Drehzahl und der Rechnertaktzeit der Regeleinrichtung.

Abschließend müssen noch der rückspeisefähige Eingangsstromrichter (PSR) mit passivem Eingangsfilter und ein eventuell notwendiger Netztrafo sowie ein Bremschopper für Havariesituationen (z. B. Netzspannungsausfall) ausgewählt werden. Die konkrete Leistung des PSR richtet sich nach der Anzahl der Achsen, die am Zwischenkreis betrieben werden (vgl. Gl. (7.7) und Beispiel 7.3.1).

8 Lösungen

8.1 Lösung zu Beispiel 3.1

3.1.1 Die Zykluszeit beträgt mit den Angaben nach Tabelle 3.3 $t_z=180$ s. Die Zeiten für Positioniervorgänge zwischen den Bearbeitungsabschnitten betragen insgesamt nur ca. 5 s und werden nicht berücksichtigt. Damit berechnet sich in Analogie zu Gl. (3.9) die effektive Vorschubkraft zu:

$F_{veff}= 8904$ N.

3.1.2 Das effektive Motormoment für die Betriebsart Treiben kann mit Gl. (3.7) berechnet werden. Für den Umsetzfaktor des Schraubtriebes gilt: $u_S = \dfrac{h}{2\pi}$.

$$M_{veff} = \frac{F_{veff} \cdot u_G \cdot u_s}{\mu_G \cdot \mu_{sp}} = 12{,}6 \text{ Nm}$$

3.1.3 Für die maximale Winkelgeschwindigkeit ω_{max} der Welle I ergibt sich mit Gl. (3.10)

$$\omega_{max} = \frac{v_{Eil}}{u_G \cdot u_s} = 306{,}5 \text{ rad/s}.$$

Das entspricht nach Gl. 3.11 einer Maximaldrehzahl von

$n_{max}=2927$ U/min.

3.1.4 Die maximale Winkelbeschleunigung zur Beschleunigung des Schlittens mit konstantem Beschleunigungsmoment beträgt

$$\alpha_{max} = \frac{\omega_{max}}{t_b} = 3065 \text{ rad/s}^2.$$

3.1.5 Für das reduzierte Lastträgheitsmoment gilt (vgl. Bild 3.2):

$$J_{II}' = u_G^2 \cdot J_{II} = u_G^2 (J_{Sp} + m_s \cdot u_s^2 + J_2).$$

Das Trägheitsmoment der Spindel wird näherungsweise aus dem Vollzylinder mit $d= 40$ mm und $l= 1{,}4$ m nach Tabelle 3.2 bestimmt:

$J_{Sp} = 27.6 \cdot 10^{-4}$ kg m².

Damit ergibt sich für das auf Welle I reduzierte Trägheitsmomoment

$J_{II}' = 43.4 \cdot 10^{-4}$ kg m².

3.1.6 Für den hier angenommenen Fall der dynamischen Anpassung von J_I und J_{II} über u_G gilt nach Gl. (3.24):

$J_{ges} = 2 \cdot J_{II}' = 86.8 \cdot 10^{-4}$ kg m².

Als konstantes Beschleunigungsmoment während $t_b = 0.1$ s ist damit ein maximales Motormoment von

$$M_{max\,Be} = J_{ges} \cdot \alpha_{max} \frac{1}{\eta_G \cdot \eta_{Sp}} = 28.9 \text{ Nm}$$

erforderlich.

3.1.7 Es ist eine Überlastbarkeit des Antriebes für die Beschleunigungsvorgänge des Schlittens von $M_{max}/M_{veff} = 2.3$ erforderlich.

8.2 Lösung zu Beispiel 3.2

3.2.1 Für das reduzierte Lastträgheitsmoment gilt (vgl. Bild 3.2):

$$J_{II}' = u_G^2 \cdot J_{II} = u_G^2 (J_A + J_u (\frac{r_A}{r_u})^2 + m_s \cdot r_A^2) = 119 \cdot 10^{-4} \text{ kg m}^2.$$

J_2 muss nicht berücksichtigt werden, da es bereits im Gesamtträgheitsmoment des Planetengetriebes bezogen auf Welle I enthalten ist.

3.2.2 Für die maximale Winkelgeschwindigkeit der Welle I ergibt sich mit Gl. (3.10):

$$\omega_{max} = \frac{v_{max}}{u_G \cdot u_B} = 455 \text{ rad/s}.$$

Das entspricht einer Maximaldrehzahl von $n_{max} = 4345$ U/min.

3.2.3 Für den in Bild 3.6 dargestellten zeitoptimalen Bewegungsablauf können folgende Parameter berechnet werden:

$$t_b = \frac{v_{max}}{\alpha_{max}} = 0.2 \text{ s}; \quad s_{an} = \frac{v_{max}}{2} \cdot t_b = 0.5 \text{ m}; \quad s_{Eil} = s_{max} - 2 \cdot s_{an} = 1 \text{ m}; \quad t_k = \frac{s_{Eil}}{v_{max}} = 0.2 \text{ s}.$$

Damit beträgt die Zykluszeit für einen Handhabevorgang:

$$t_z = 4 \cdot t_b + 2 \cdot t_k + 2 t_p = 2.2 \text{ s}.$$

3.2.4 Die maximale Winkelbeschleunigung ergibt sich unter Berücksichtigung der Umsetzfaktoren analog zu Gl. (3.10):

$$\alpha_{max} = \frac{a_{max}}{u_G \cdot u_B} = 2273 \text{ rad/s}^2.$$

3.2.5 Das Gesamtträgheitsmoment beträgt bei dynamischer Anpassung

$J_{ges} = 2 \cdot J_{II}' = 238 \cdot 10^{-4}$ kg m².

Das ergibt ein erforderliches dynamisches Moment von

$M_{dyn} = J_{ges} \cdot \alpha_{max} = 54{,}1$ Nm.

3.2.6 Bei der Berechnung der maximalen Motormomente müssen die Betriebsarten Treiben oder Bremsen berücksichtigt werden. Als Beschleunigungsmoment für $t_b = 0{,}2$ s ergibt sich

$$M_{max Be} = \frac{M_{dyn}}{\eta_G \cdot \eta_B} = 63{,}3 \text{ Nm}$$

und für den Bremsvorgang von $t_b = 0{,}2$ s entsprechend

$M_{max Br} = M_{dyn} \cdot \eta_G \cdot \eta_B = 46{,}3$ Nm.

3.2.7 Da das Motormoment zum Betrieb des Bandantriebes bei v_{max} im Verhältnis zum Beschleunigungs- und Bremsmoment sehr gering ist, ergibt sich in guter Näherung für das erforderliche effektive Motormoment:

$$M_{veff} = \sqrt{\frac{1}{t_z}(2 \cdot M_{max Be}^2 \cdot t_b + 2 \cdot M_{max Br}^2 \cdot t_b} = 33{,}5 \text{ Nm}.$$

Damit ist eine Überlastbarkeit des Antriebes von

$$\frac{M_{max Be}}{M_{veff}} = 1{,}9$$

erforderlich.

8.3 Lösung zu Beispiel 4.1

4.1.1 Berechnung von Parametern der Regelstrecke

- Drehmomentkonstante nach Gl. (4.9)

$$K_M \Phi_M = \frac{M_{dN}}{I_{dN}} = 0{,}5\,\text{Vs}$$

- Ankerkreiszeitkonstante nach Gl. (4.12)

$$\tau_A = \frac{L_A}{R_A} = 26{,}66\text{ ms}$$

- elektromechanische Zeitkonstante nach Gl. (4.13)

$$\tau_M = J_{ges} \frac{R_A}{(K_M \Phi_M)^2} = 180\text{ ms}$$

- Zeitkonstante des Stromrichters nach Gl. (4.6)

$$\tau_{SR} = \frac{1}{2 \cdot f_{Netz} \cdot p} = 1{,}66\text{ ms}$$

- Summenzeitkonstante Stromregelkreis nach Gl. (4.14)

$$\tau_{\Sigma i} = \tau_{SR} + \tau_{fi} = 2{,}66\text{ ms}$$

- Übertragungsfaktor K_T des Drehzahlmessgliedes:
  Für die Sollwertspannung des Drehzahlregelkreises gilt üblicherweise:
  $-10V \leq U_{\omega soll} \leq +10V$ für $-\omega_{max} \leq \omega \leq +\omega_{max}$. Damit muss die Tachospannung von 60V/3000min^{-1} im Signalpegel auf 10V/3000min^{-1} angepasst werden. Mit

$$\omega_{max} = \frac{2\pi \cdot n_{max}}{60} = 314{,}16\text{ s}^{-1}$$

ergibt sich für den Übertragungsfaktor K_T (vgl. Bild 4.8):

$$K_T = \frac{U_{\omega ist}}{\omega_M} = 0{,}032\,\text{Vs}\;.$$

4.1.2 PI-Regler Stromregelkreis (Betragsoptimum)

- $G_{Ri} = \dfrac{1+sT_{1i}}{sT_{0i}}$ mit $T_{1i} = \tau_A = 26{,}66\text{ ms}$ nach Gl. (4.16) und $T_{0i} = 95{,}8\text{ ms}$ nach Gl. (4.17).

- Die Anregelzeit des Ankerstromes beträgt im linearen Bereich

$$t_{ani} = 4{,}7 \cdot \tau_{\Sigma i} = 12{,}5\text{ ms}$$

bei einer Überschwingweite $h_ü = 4{,}3\,\%$.

4.1.3 PI-Regler Drehzahlregelkreis (symmetrisches Optimum)

- Summenzeitkonstante nach Gl. (4.22):
  $\tau_{\Sigma\omega} = 2 \cdot \tau_{\Sigma i} + \tau_{fT} = 6{,}5$ ms
- $G_{R\omega} = \dfrac{1 + s\,T_{1\omega}}{s\,T_{0\omega}}$ mit $T_{1\omega} = 26$ ms nach Gl. (4.20) und $T_{0\omega} = 0{,}3$ ms nach Gl. (4.21).
- Die Anregelzeit der Drehzahl beträgt im linearen Bereich
  $t_{an\omega} = 3{,}2\,\tau_{\Sigma\omega} = 20{,}8$ ms
  bei einer Überschwingweite $h_{\ddot{u}} = 43{,}4$ %.

Dieses enorme Überschwingen wird durch ein Führungsfilter (Sollwertdämpfung) bei optimalem Störverhalten vermindert. Als Führungsfilter genügt meist ein T_1-Glied /1.4/, mit einer Verstärkung von 1, das vor dem Sollwerteingang $U_{\omega soll}$ angeordnet wird. Zur Rückbegrenzung und Schwingungsdämpfung können aber auch $\cos^2$-Funktionen verwendet werden (s. Abschnitt 6.2.2).

Bei einer angenommenen Dämpfung $D_A = 0{,}6$ für den optimierten Drehzahlregelkreis ergibt sich nach Gl. (4.25) für $T_{0A} = 7{,}28$ ms.

Das entspricht einer Kennkreisfrequenz für den Drehzahlregelkreis von $\omega_{0A} = 1/T_{0A} = 137$ s^{-1}.

8.4 Lösung zu Beispiel 5.1

Die Augenblickswerte der Strangwechselflüsse ergeben sich für $\omega t_1 = \dfrac{\pi}{4}$ nach Gl. (5.6) zu:

$$\Phi_a(\omega t_1) = \hat{\Phi}\sin(\frac{\pi}{4}) = 0{,}707 \cdot \hat{\Phi},$$

$$\Phi_b(\omega t_1) = \hat{\Phi}\sin(\frac{\pi}{4} + \frac{2\pi}{3}) = 0{,}259\hat{\Phi},$$

$$\Phi_c(\omega t_1) = \hat{\Phi}\sin(\frac{\pi}{4} + \frac{4\pi}{3}) = -0{,}966\hat{\Phi}.$$

Entsprechend der Symmetrie im Wechselflusssystem erhält man die Summe der Augenblickswerte:

$$\Phi_a(\omega t_1) + \Phi_b(\omega t_1) + \Phi_c(\omega t_1) = (0{,}707 + 0{,}259 - 0{,}966)\hat{\Phi} = 0.$$

Für den normierten Flussraumvektor ergibt sich mit Gl. (5.8):

$$\vec{\Phi}(\omega t_1) = \frac{2}{3}(0{,}707\hat{\Phi} + a \cdot 0{,}259\hat{\Phi} + a^2(-0{,}966\hat{\Phi}))$$

$$\vec{\Phi}(\omega t_1) = \frac{2}{3}(0{,}707\hat{\Phi} + (-\frac{1}{2} + j\frac{\sqrt{3}}{2})0{,}259\hat{\Phi} + (-\frac{1}{2} - j\frac{\sqrt{3}}{2})(-0{,}966\hat{\Phi})).$$

Der Realteil des Flussraumvektors beträgt

$$\Phi_R(\omega t_1) = \frac{2}{3}(0{,}707 - 0{,}5 \cdot 0{,}259 + 0{,}5 \cdot 0{,}966)\hat{\Phi} = 0{,}707 \hat{\Phi}$$

und der Imaginärteil

$$\Phi_I = (\omega t_1) = \frac{2}{3}(0{,}5 \cdot \sqrt{3} \cdot 0{,}259 + 0{,}5 \cdot \sqrt{3} \cdot 0{,}966 = 0{,}707 \hat{\Phi}.$$

Der Betrag des normierten Flussraumvektors beträgt damit $|\vec{\Phi}(\omega t_1)| = \hat{\Phi}$. Für den Phasenwinkel des Vektors ergibt sich erwartungsgemäß $\alpha = \frac{\pi}{4} = 45^0$ zur α-Achse. Im Zeigerbild der komplexen Vektoren werden alle Größen bezogen auf $\hat{\Phi}$ dargestellt.

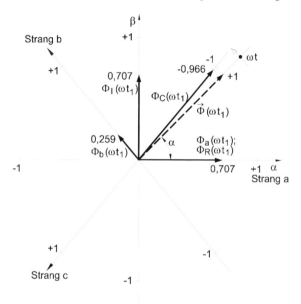

Bild 8.1 Zeigerbild der komplexen Vektoren

8.5 Lösung zu Beispiel 5.2

5.2.1 Berechnung von Parametern der Regelstrecke:

- Drehmomentkonstante nach Gl. (5.30):
$$k_m = \frac{M_{dN}}{I_N} = 1{,}136 \text{ Vs}$$

- Spannungskonstante nach Gl. (5.31):
$$k_e = \frac{1}{3} k_m = 0{,}378 \text{ Vs}$$

- Ständerkreiszeitkonstante nach Gl. (5.33):
$$\tau_S = \frac{L_S}{R_S} = 5 \text{ ms}$$

- elektromechanische Zeitkonstante nach Gl. (5.32):
$$\tau_M = J_{ges} \frac{3 \cdot R_S}{k_m^2} = 25{,}6 \text{ ms}$$

- Zeitkonstante des Pulswechselrichters nach Gl. (4.7):
$$\tau_{SR} = \frac{1}{2 \cdot f_p} = 62{,}5 \mu s$$

- Summenzeitkonstante Stromregelkreis nach Gl. (5.42):
$$\tau_{\Sigma i} = \tau_{SR} + \tau_{fi} + T = 275 \mu s$$

- Summenzeitkonstante Drehzahlregelkreis nach Gl. (5.47):
$$\tau_{\Sigma \omega} = 2 \cdot \tau_{\Sigma i} + \tau_{fT} + T = 763 \mu s$$

5.2.2 Berechnung Parameter der PI-Stromregler:

- $G_{Ri} = \dfrac{1 + sT_{1i}}{sT_{0i}}$ mit $T_{1i} = \tau_S = 5$ ms nach Gl. (5.40) und $T_{0i} = 4$ ms nach Gl. (5.41).

- Die Anregelzeit der Ständerstromkomponenten i_d und i_q beträgt im linearen Bereich
$$t_{ani} = 4{,}7 \cdot \tau_{\Sigma i} = 1{,}3 \text{ ms}$$
bei einer Überschwingweite $h_ü = 4{,}3\ \%$.

5.2.3 Berechnung Parameter des PI-Drehzahlreglers:

- $G_{R\omega} = \dfrac{1 + sT_{1\omega}}{sT_{0\omega}}$ mit $T_{1\omega} = 3{,}1$ ms nach Gl. (5.45) und $T_{0\omega} = 28{,}2 \mu s$ nach Gl. (5.46).

- Die Anregelzeit der Drehzahl beträgt im linearen Bereich
  $t_{an\omega} = 3{,}2\tau_{\Sigma\omega} = 2{,}4$ ms

  bei einer Überschwingweite $h_ü$ = 43,4 %, die durch Vorschaltung eines entsprechenden Führungsfilters unter Beibehaltung des optimalen Störverhaltens vermindert werden kann (s. Beispiel 4.1 und Abschnitt 6.2.2).
  Bei einer angenommenen Dämpfung D_A = 0,6 für den optimierten Drehzahlregelkreis ergibt sich nach Gl. (5.48) für T_{0A} = 0,85 ms.
  Das entspricht einer Kennkreisfrequenz für den Drehzahlregelkreis von $\omega_{0A} = 1/T_{0A} = 1270$ s^{-1}.

8.6 Lösung zu Beispiel 5.3

5.3.1 Berechnung von Parametern der Regelstrecke:

- Drehmomentkonstante nach Gl. (5.30):
  $$k_m = \frac{M_{dN}}{I_N} = 1{,}065 \text{ Vs}$$

- Spannungskonstante nach Gl. (5.31):
  $$k_e = \frac{1}{3}k_m = 0{,}355 \text{ Vs}$$

- Ständerkreiszeitkonstante nach Gl. (5.33):
  $$\tau_S = \frac{L_S}{R_S} = 4 \text{ ms}$$

- elektromechanische Zeitkonstante nach Gl. (5.32):
  $$\tau_M = J_{ges}\frac{3 \cdot R_S}{k_m^2} = 47{,}6 \text{ ms}$$

- Zeitkonstante des Pulswechselrichters nach Gl. (4.7):
  $$\tau_{SR} = \frac{1}{2 \cdot f_p} 100 \text{ μs}$$

- Summenzeitkonstante Stromregelkreis nach Gl. (5.42):
  $\tau_{\Sigma i} = \tau_{SR} + \tau_{fi} = 1{,}1$ ms .

  Die Rechnertaktzeit T entfällt, da es sich um einen analogen Regelkreis handelt.

- Summenzeitkonstante Drehzahlregelkreis nach Gl. (5.47):
  $\tau_{\Sigma\omega} = 2 \cdot \tau_{\Sigma i} + \tau_{fT} = 3{,}2$ ms

  Die Rechnertaktzeit T entfällt, da es sich um einen analogen Regelkreis handelt.

8.6 Lösung zu Beispiel 5.3

5.3.2 Berechnung Parameter der PI-Stromregler:
- $G_{Ri} = \dfrac{1 + sT_{1i}}{sT_{0i}}$ mit $T_{1i} = \tau_S = 4$ ms nach Gl. (5.40) und $T_{0i} = 14{,}7$ ms nach Gl. (5.41).
- Die Anregelzeit des Ständerstromes beträgt im linearen Bereich
  $t_{ani} = 4{,}7 \cdot \tau_{\Sigma i} = 5{,}2$ ms
  bei einer Überschwingweite $h_{\ddot{u}} = 4{,}3$ %.

5.3.3 Berechnung Parameter des PI-Drehzahlreglers:
- $G_{R\omega} = \dfrac{1 + sT_{1\omega}}{sT_{0\omega}}$ mit $T_{1\omega} = 12{,}8$ ms nach Gl. (5.45) und $T_{0\omega} = 0{,}3$ ms nach Gl. (5.46).
- Die Anregelzeit der Drehzahl beträgt im linearen Bereich
  $t_{an\omega} = 3{,}2\tau_{\Sigma \omega} = 10{,}2$ ms
  bei einer Überschwingweite $h_{\ddot{u}} = 43{,}4$ %, die durch Vorschaltung eines entsprechenden Führungsfilters unter Beibehaltung des optimalen Störverhaltens vermindert werden kann.
  Bei einer angenommenen Dämpfung $D_A = 0{,}6$ für den optimierten Drehzahlregelkreis ergibt sich nach Gl. (5.48) für $T_{0A} = 3{,}6$ ms.
  Das entspricht einer Kennkreisfrequenz für den Drehzahlregelkreis von
  $\omega_{0A} = 1/T_{0A} = 279$ s^{-1}.

Anhang

Formelzeichen

Spezielle, in nur einem Abschnitt verwendete Formelzeichen sind hier nicht aufgeführt.

a	Beschleunigung	r	Radius, Ruck
C	Kapazität	s	Weg, Laplace-Operator
C_{dyn}	dynamischer Kennwert	T	Periodendauer (T_p Pulsperiode), Rechnertaktzeit
d	Durchmesser d-Achse		
f	Frequenz (f_p Pulsfrequenz)	t	Zeit (t_z Zykluszeit)
F	Kraft	u, U	elektrische Spannung (U_p Polrad-; U_S Strang-; U_{St} Steuer-; U_T Tachospannung)
F_v	Vorschubkraft		
F_s	Schrittkraft		
F_R	Reibkraft	u	Umsetzfaktor (u_B Band-; u_S Schraubtrieb-; u_G Getriebe-)
$G(s)$	Übertragungsfunktion ($G_0(s)$ offener Kreis; $G_S(s)$ Strecke; $G_R(s)$ Regler; $G_W(s)$ geschlossener Kreis)		
		v	Geschwindigkeit
		W	Energie
		w	Führungsgröße
h	Spindelsteigung	x	Regelgröße
$h_{ü}$	Überschwingbreite	z	Störgröße
i, I	elektrische Stromstärke	Zp	Polpaarzahl
k, K	Faktor (K_{SR} Stromrichterübertragungsfaktor; k_e Spannungs-; k_m Drehmoment-; k_s Schlupfkonstante; K_v Geschwindigkeitsverstärkung)	α	Winkelbeschleunigung; α-Achse
		β	Verfahrgeschwindigkeit; β-Achse
		η	Wirkungsgrad
L	Induktivität, dynamische Leistung (L_h Haupt-; L_s Ständer-; L_σ Streuinduktivität)	ϑ	Winkel (ϑ_p Polradstellungswinkel)
		τ	Zeitkonstante (τ_A, τ_S, τ_1 elektrische; τ_M elektromechanische; τ_f Filter-; τ_Σ Summenzeitkonstante)
l	Länge		
m, M	Drehmoment (M_{dN} Nenndauer-; M_v, m_v Vorschub-; M_H Haltemoment; M_{dyn}, m_{dyn} dynamisches Moment)		
		φ	Phasenwinkel, Drehwinkel
		Φ	magnetischer Fluss
m_s	Schlittenmasse	Ψ	verketteter Fluss
n	Drehzahl	ω	Winkelgeschwindigkeit ($2\pi n$); Kreisfrequenz ($2\pi f$)
p	Pulszahl des Stromrichters		
p, P	Leistung	ω_{OA}	Kennkreisfrequenz des drehzahlgeregelten Antriebes
q	q-Achse		
R	elektrischer Widerstand (R_A Anker-; R_S Ständer-; R_2 Läuferwiderstand)		

Indizes

a	Wicklungsstrang a	R	Rotor, Reibung
A	Antrieb; Ankerkreis	S	Ständer, Strang
b	Wicklungsstrang b	soll	Sollwert
Be	beschleunigen	T	Tachogenerator
Br	bremsen	v	Vorschub; Verlust
c	Wicklungsstrang c	w	geschlossener Kreis
d	Gleichwert; Gleichwert d-Achse	x	x-Achse
dyn	d-Achse dynamisch	y	y-Achse
eff	Effektivwert	z	z-Achse
el	elektrisch	ZK	Zwischenkreis
erf	erforderlich	α	α-Achse
ges	gesamt	β	β-Achse
G	Getriebe	μ	Magnetisierung
ist	Istwert	σ	Streuung
L	Last	ω	Drehzahl; Winkelgeschwindigkeit
m, M	Motor		
N	Nennwert, Netz	Σ	Summe
O	offener Kreis	0	Leerlauf
opt	optimal	1	Eingangsgröße
q	q-Achse	2	Ausgangsgröße

Gebräuchliche Abkürzungen

ASM	Asynchronmotor	PWR	Pulswechselrichter
FOR	feldorientierte Regelung	SM	Synchronmotor
GSM	Gleichstrommotor	TG	Tachogenerator
PSR	Pulsstromrichter	WZM	Werkzeugmaschine
PWM	Pulsweitenmodulation		

Literaturverzeichnis

/1.1/ *Vogel, J.:* Elektrische Antriebstechnik, 6. Auflage, Hüthig Buch Verlag 1998

/1.2/ *Föllinger, O.:* Regelungstechnik, 7. Auflage, Hüthig Buch Verlag 1992

/1.3/ *Lutz, M.; Wendt, W.:* Taschenbuch der Regelungstechnik, Verlag Harri Deutsch, 2. Auflage, 1998

/1.4/ *Hering, E.; Steinhardt, H.:* Taschenbuch der Mechatronik, Fachbuchverlag Leipzig im Carl Hanser Verlag 2005

/1.5/ *Kessler, C.:* Das Symmetrische Optimum, Regelungstechnik Heft 11, 6. Jahrgang 1958

/3.1/ *Groß, H.:* Elektrische Vorschubantriebe für Werkzeugmaschinen, Siemens AG 1981, Berlin, München

/3.2/ *Autorenkollektiv:* Die Technik der elektrischen Antriebe, Grundlagen, 8. Auflage, 1986 Verlag Technik Berlin

/3.3/ *Schönfeld, R.; Habiger, E.:* Automatisierte Elektroantriebe, 3. Auflage 1990 Verlag Technik Berlin

/3.4/ *Gille, J. C.; Pelegrin, M.; Decaulne, P.:* Lehrgang der Regelungstechnik, Band 2, 1961 Verlag Oldenbourg München

/3.5/ *Klepzig, W.; Rötz, St.:* Optimierung von Antrieben für flexible Handhabeeinrichtungen zur Pressenautomatisierung, Wiss. Beiträge der TH Zwickau 13(1987)2, S. 78 – 83

/3.6/ *Hähle, F.:* Zur Bewegungstechnik flexibler Positioniersysteme, speziell für Montagemaschinen, 1986 Dissertation TU Chemnitz

/3.7/ *Rötz, St.:* Auslegung von NC-Positionierantrieben mit elektrischen Stellmotoren zur Automatisierung des Werkstückflusses in Blechbearbeitungssystemen, Dissertation TH Zwickau 1990

/4.1/ *Volkrodt, W.:* Ferritmagneterregung bei größeren elektrischen Maschinen, Siemens-Zeitschrift 49(1975)H.6, S. 368-374

/4.2/ *Fichtner, K.:* VEM-Gleichstrom-Stellmotoren der 3. Generation, ETM – Technische Mitteilungen 2/1985, S. 6 – 11

/4.3/ *Schulze, M.:* Thyristorumkehrstromrichter für reaktionsschnelle Gleichstromantriebe, VEM Elektro-Anlagenbau 15(1979)3, S. 118 – 121

/4.4/ *Schulze, M.:* Transistor-Gleichstromsteller für reaktionsschnelle Antriebe kleiner Leistung, 2. Konferenz über Leistungselektronik, Budapest 1973

/4.5/ *Wohlfarth, J.:* Beitrag zur Entwicklung modular aufgebauter Gleichstromstellantriebe, Dissertation TH Ilmenau 1989

/4.6/ *Rößling, R.:* Nutzung der digitalen Simulation zur Ermittlung dynamischer Kennwerte drehzahlgeregelter Stellantriebe, Dissertation TH Zwickau 1990

/5.1/ *Racs, Kovacs:* Transiente Vorgänge in Wechselstrommaschinen, Verlag der Ungarischen Akademie der Wissenschaften Budapest 1959

/5.2/ *Vogel, R.:* Synchron-Servoantriebe mit durchgängig digitaler Signalverarbeitung, Dissertation TU Dresden 1987

/5.3/ *Andrieux, C.; Lajoie-Mazenc, M.:* Analysis of different current control systems of inverter-fed Synchronous machine, 1. EPE-Konferenz Brüssel 1985, Vortrag 2. 159

/5.4/ *Riefenstahl, U.:* Elektrische Antriebstechnik, Teubner Verlag Stuttgart 2000

/5.5/ *Ehrenberg, J.; Hedt, F.; Klaus, U.; Krüger, M.:* VeCon, Prototypaufbau VECPROT Dokumentation Institut für angewandte Mikroelektronik, Braunschweig 1994

/5.6/ DSP Solution for Permanent Magnet Synchronous Motor, Texas Instrument 1996

/5.7/ DSP Users Manual, Motorola 2000

/5.8/ *Schlienz, U.; Römer, M.:* Schaltnetzteile und ihre Peripherie, 3. Auflage, Vieweg Verlag 2007

/5.9/ *Korte, W.:* Bürstenloses Antriebssystem für Servoantriebe, Antriebstechnik 24(1985) Nr. 9, S. 36 – 40

/5.10/ *Schumann, R.:* Wartungsfreie Drehstrom-Servoantriebe MAC, Antriebstechnik 25(1986) Nr. 12, S. 22 – 24

/5.11/ *Berger. G.:* Beitrag zur Feldorientierten Regelung von Drehstromasynchronmotoren, Dissertation TH Ilmenau 1982

/5.12/ *Schulze, M.; Götze, T.:* Three Phase Servo-Drives for Machine Tools 5th Power Electronics Conference, Budapest 1985

/6.1/ *Ernst, A.:* Digitale Längen- und Winkelmesstechnik, Verlag Moderne Industrie Landsberg 2001

/6.2/ *Mutschler, P.:* SERCOS – Offenes digitales Kommunikationssystem für Numerische Steuerungen und Antriebe in Werkzeugmaschinen, ETG Fachbericht 27, Augsburg, März 1989

/6.3/ *Stute, G.:* Die Lageregelung an Werkzeugmaschinen, Forschungsinstitut für Steuerungstechnik der Werkzeugmaschinen- und Fertigungseinrichtungen in der Institutsgemeinschaft der Universität Stuttgart e.V., FISW-Selbstverlag Stuttgart 1975

/6.4/ *Groß, H.; Hamann, J.; Wiegärtner, G.:* Elektrische Vorschubantriebe in der Automatisierungstechnik, Publicis MCD Verlag Erlangen und München 2000

/6.5/ *Groß, H.; Hamann, J.; Wiegärtner, G.:* Technik elektrischer Vorschubantriebe in der Fertigungs- und Automatisierungstechnik, Verlag Public Corporate Publishing, Erlangen 2006

/6.6/ *Boelke, K.:* Beitrag zur Analyse und Beurteilung von Lagesteuerungen für numerisch gesteuerte Werkzeugmaschinen, Dissertation 1977 Universität Stuttgart

/6.7/ *Dvorak, A.:* Steuerung und Regelung von autonomen Handhabeeinrichtungen an Pressen und Umformmaschinen, Dissertation TH Zwickau 1990

/6.8/ *Stölting, H.-D.; Kallenbach, E.:* Handbuch Elektrische Kleinantriebe, Hanser Verlag, 2. Auflage, 2002

/6.9/	*Richter, Chr.:* Elektrische Stellantriebe kleiner Leistung, Verlag Technik Berlin 1987
/6.10/	*Rummich, E.:* Elektrische Schrittmotoren und –antriebe, expert-Verlag, 2. Auflage, 1995
/6.11/	*Kleinmaier, A.:* Kompakte Elektoantriebe für Hybridfahrzeuge, 3. Braunschweiger Symposium Hybridfahrzeuge und Energiemanagement, Februar 2006, S.151-174
/7.1/	*Schäfers, E.; Hamann, H.; Tröndle, H.-P.:* Analyse, Simulation und Regelung von Werkzeug- und Produktionsmaschinen, EPE-PEMC, Sept. 2002, Dubrovnik & Cavtat, Croatien 10th International Power Electronics and Motion Control Conference
/7.2/	*Hädrich, O.; Knorr, U.:* Mechatronic System Design Using a Multi-Domain Modelling Approach, Society of Automotive Engineers, Proceedings SAE Power Systems Conference, San Diego, CA, USA Nov. 2000
/7.3/	*Hädrich, O.; Pohl, A.; Schulze, M.:* A Novel Approach to Step Drive Using a Concentrated Parameter Multi-Domain Modeling Approach Including Cogging Torques, EPE-PEMC, Sept. 2002, Dubrovnik & Cavtat Croatien, 10th International Power Electronics and Motion Control Conference

Sachwortverzeichnis

4
4-Quadranten-Pulssteller 55, 101

A
Aktor 21, 123
Anlaufdauer 43
Anpassung, dynamische 42, 130, 133
Anregelzeit 18
Antrieb, drehzahlgeregelter 11
Antriebsauswahl 39, 127f., 130, 133
Antriebssysteme, mechatronische 121
Antriebstechnik 11
Asynchronmaschine 88f., 126
Asynchronservomotor 89

B
Bahnabweichung 136
Bahnfehler 109
Bahngenauigkeit 110, 112f.
Bahngeschwindigkeit 109, 111ff.
Bahnsteuerung 107, 109, 114
Bandtrieb 38
Belastungsspiel 133
Beschleunigungszeit 43, 49
Betragsoptimum 18, 59, 83, 96f., 115
Bewegungsablauf 45
Bewegungssteuerung 23, 96, 103, 111, 122
Bremschopper 56, 67, 132
Bremsen 39, 130
bürstenloser Gleichstrommotor 85

D
Dauerdrehmoment 30, 47, 101, 127
Drehmoment, maximales
– zum Beschleunigen 138
– zum Bremsen 138
Drehmomentkonstante 58, 79, 93f.
Drehstromservoantriebe 63
– mit Synchronmotoren 67
Drehtransformation 90
Drehzahl 41
Drehzahl-Drehmoment-Ebene 14
Drehzahl-Drehmoment-Kennlinie 120
Drehzahl-Drehmoment-Kennlinienfeld 29, 100, 127
drehzahlgeregelter Antrieb 11
drehzahlgeregelter Gleichstromservoantrieb 51
dynamische Anpassung 42, 130, 133
dynamische Leistung 42f., 127, 134, 138
dynamischer Kennwert 47, 101, 127
dynamisches Moment 42, 47, 127, 137f.

E
Effektivmoment 40, 130, 133f., 137f.
Eingangsgleichrichter 121
Eingangsstromrichter 67, 75f., 88, 116, 131, 133, 135
elektrische Zeitkonstante 58, 80, 95, 97
elektromechanische Zeitkonstante 58, 80, 96f.
Elektronikmotor 85
Energierückspeisung 56, 75f., 132
Entkopplungsnetzwerk 88, 93
Ersatzträgheitsmomente 41

F
feldorientierte Regelung 66, 81, 121
Filterzeitkonstante 59, 83
flussfestes Koordinatensystem 66
flusssynchrones Koordinatensystem 90, 92
Führungsfilter 20, 99, 105
Führungsgröße 16
Führungsübertragungsfunktion 60f., 99, 103
Führungsverhalten 16, 20, 96

G
geregelter Servoantrieb 16
Gesamtträgheitsmoment 41, 97, 120, 134, 138
Gesamtumsetzfaktor 104
Geschwindigkeitsverstärkung 104f., 110f.
Getriebeumsetzfaktor 41, 43, 134, 137f.
Gleichstrommotor, bürstenloser 85
Gleichstromservoantrieb, drehzahlgeregelter 51
Gleichstromservomotor 51
Gleichstromstellmotoren 52
Glockenläufer 53

H
Haltemoment 119, 121
Hybridschrittmotor 116, 118

K
Kaskadenregelung 17f., 58
Kaskadenstruktur 81, 103
Kennkreisfrequenz 61, 99, 104, 110f., 127
Kennwert, dynamischer 47, 101, 127
Koordinatensystem
– flussfestes 66
– flusssynchrones 90, 92
– rotorfestes 66, 77, 81
– ständerfestes 66, 74, 83, 92
Koordinatentransformation 92

L
Lagemesssystem 104, 114
Lagemessung 108, 110
Lageregelung 103
Lastmoment 40
Lastträgheitsmoment 49f.
Leistung, dynamische 42f., 127, 134, 138
leistungselektronisches Stellglied 54, 71
Linearmotor 70

M
Maximaldrehmoment 134
maximales Drehmoment
– zum Beschleunigen 138
– zum Bremsen 138
Maximalmoment 101, 116, 128, 131, 133f.
– beim Beschleunigen 137
– beim Bremsen 137
mechanische Übertragungsglieder 132
mechanische Umsetzeinheit 103, 114, 128
mechanisches Übertragungssystem 33, 104, 110, 113
– Modell 35
mechatronische Antriebssysteme 121
mechatronisches System 21
Modulationsverfahren 71
Moment, dynamisches 42, 47, 127, 137f.
motion control 23, 96
Motorbetrieb 15

P
PI-Regler 18, 20
Polradspannung 86, 135
Positioniersteuerungen 114
Positioniervorgang 105
Pulsfrequenz 76
Pulsperiode 73f.
Pulsstromrichter 76, 87

Sachwortverzeichnis

Pulswechselrichter 67, 71f., 75, 80, 82, 85, 88, 94, 101, 116, 121, 123, 126, 128, 131

R
Raumvektor 65, 73
Raumvektordarstellung 63
Raumzeigermodulation 72f., 75
Rechnertaktzeit 21, 111
Rechnerzykluszeit 104
Regeleinrichtung 16
Regelgröße 16, 18
Regelstrecke 16f.
Regelstruktur 17
Regelung, feldorientierte 66, 81, 121
Reibkraft 39, 49
rotorfestes Koordinatensystem 66, 77, 81

S
Scheibenläufer 53
Schlankläufer 53
Schlankläufer mit Rechteckständer 68
Schleppabstand 105, 111
Schlupfkonstante 89, 93f.
Schnittkraft 39
Schraubtrieb 38, 49
Schrittantrieb 116
Schrittfrequenz 117, 121
Schrittwinkel 118
Schwingungsglied 60, 99, 109
Servoantrieb 11
– Anforderungen 25
– Auswahl 127
– Bewegungssteuerung 103
– geregelter 16
– Grundstruktur 13
– Kenngrößen 29
Servomotor 33
Sollwertglättung 111f.
Spannungskonstante 79
Spannungsraumzeiger 76
Spannungsreserve 131

Spannungsreserve zur Stromeinprägung 136
Spannungsvektor 73f.
Spannungszwischenkreis 88, 132
ständerfestes Koordinatensystem 66, 74, 83, 92
Ständerkoordinatensystem 78, 90
Ständerspannungsvektor 74
Ständerstromvektor 80f., 83, 118ff.
Stellglied 16
– leistungselektronisches 54, 71
Stellgrößenrechner 67, 81
Störgröße 16
Störverhalten 20
Strangspannung 75, 135f.
Stromeinprägung 68, 71, 119
Stromrichterzeitkonstante 59, 83
Summenzeitkonstante 18, 59ff., 104
symmetrisches Optimum 18, 60, 83, 97
Synchronlinearmotoren 70
Synchronmaschine 82
Synchronmotor 67f., 99
Synchronservoantrieb 77

T
Thyristorumkehrstromrichter 54f., 101
Torquemotor 68, 124f.
Trägheitsmoment 41
Treiben 15, 39f., 130, 134

U
Übertragungsglieder, mechanische 132
Übertragungssystem, mechanisches 33, 104, 110, 113
– Modell 35
Übertragungsverhalten
– des drehzahlgeregelten Antriebes 57, 81, 95
– des lagegeregelten Antriebes 109
Umsetzeinheit 38, 44
– mechanische 103, 114, 128
Umsetzfaktor 36, 38ff., 45, 49
Ungleichförmigkeitsgrad 30

V
Vorschubkraft 39, 49, 70, 104
Vorsteuerung 68, 72, 100, 111f.

W
Winkelgeschwindigkeit 40

Z
Zahnstangentrieb 38
Zeitkonstante
– elektrische 58, 80, 95, 97
– elektromechanische 58, 80, 96f.
Zwischenkreisspannung 67, 75f., 87, 101, 123, 126, 128, 131ff.
Zykluszeit 40, 45, 130